BBC 宇宙三部曲

宇宙星尘
彗星、流星与小行星

[英] 约翰·曼（John Man） 著

王 素 赵玉晖 译

江苏凤凰科学技术出版社

·南京·

图书在版编目（CIP）数据

　　宇宙星尘 : 彗星、流星与小行星 / （英）约翰·曼
著 ; 王素，赵玉晖译. -- 南京 : 江苏凤凰科学技术出
版社，2020.7（2024.1重印）
　　（BBC宇宙三部曲）
　　ISBN 978-7-5713-1064-6

　　Ⅰ.①宇… Ⅱ.①约… ②王… ③赵… Ⅲ.①宇宙 -
普及读物 Ⅳ.① P159-49

　　中国版本图书馆 CIP 数据核字 (2020) 第 050304 号

江苏省版权局著作权合同登记 10-2019-517

宇宙星尘：彗星、流星与小行星

著　　　者	[英] 约翰·曼（John Man）
译　　　者	王　素　赵玉晖
责 任 编 辑	沙玲玲
助 理 编 辑	张　程
责 任 校 对	仲　敏
责 任 监 制	刘文洋
出 版 发 行	江苏凤凰科学技术出版社
出版社地址	南京市湖南路 1 号 A 楼，邮编：210009
出版社网址	http://www.pspress.cn
印　　　刷	南京新世纪联盟印务有限公司
开　　　本	787mm×889mm 1/16
印　　　张	6
字　　　数	106 000
插　　　页	4
版　　　次	2020 年 7 月第 1 版
印　　　次	2024 年 1 月第 7 次印刷
标 准 书 号	ISBN 978-7-5713-1064-6
定　　　价	68.00 元（精）

图书如有印装质量问题，可随时向我社印务部调换。

Comets, Meteors and Asteroids

John Man

目 录　　　　　　　　　Contents

THE REMNANTS
OF CREATION

造物遗珠

1 造物遗珠

在古代，人们的生活贴近神灵，而众神则从天堂回应。古罗马作家卢克莱修曾写道，当宙斯与泰坦神族大战时，"厚重而快速的雷和闪电从他结实的手中飞出来"。在北欧神话中，诸神黄昏以世界大火为标志。这样的故事曾经似乎只是迷信，现在不再是这样了。古人似乎早就知道一些我们直到现在才去思考的事情：天上可以下火——用现代的说法就是，下陨石雨。不过，这些撞击地球的石块，也就是陨石，只是小天体中极微小的一部分。这些小天体徘徊在行星轨道之间，而且它们的作用远不止于破坏。这些问世于远古时代的流浪者——彗星、流星、小行星以及陨石，揭示了太阳系和我们的世界是如何形成的。它们是我们过去的一部分，并且必将在我们的未来生活中发挥作用。

P6 图：早期太阳系的尘埃盘坍塌成环状。在每个环中，尘埃聚集成小行星和行星，就像左下方显示的这样，它们都受到来自彗星的威胁。

宇宙星尘：彗星、流星与小行星

起 源

人们一度想当然地认为，上天决定了人类的命运。在过去的两个世纪，由于科学上的进步，人们开始拒绝这样的观念，认为这只不过是迷信。科学使我们确信太阳系是一个安全和稳定的地方，行星、卫星和彗星都在按照牛顿定律运行。现在科学家们已经意识到，人类的命运终将是和上天紧密连在一起的，尤其是与那些在行星之间随机运动的小天体连在一起。

要了解这些天体的本质，就必须把思绪拉回到地球存在之前。大约 46 亿年前，在我们这个拥有大约 10 万颗恒星的银河系的边缘，一团稀薄的由气体和尘埃组成的星云被附近一颗恒星的大爆炸炸开。伴随着氢和氦分子的散射，年轻星系中这个持续生长了大约 100 亿年的特殊区域，依靠吸收之前更久远的恒星爆炸中产生并散射出来的元素，逐步变得更为丰富充实。在某个特殊的时刻，灰尘和气体的随机碰撞产生了一个微小的颗粒，它的密度比周围环境的密度稍微大一点。这一点点差异足以让万有引力发挥作用。它会不断并稳定地吸积附近的气体和尘埃，成为近乎球形的物体，然后开始向自身内部坍塌。

它的温度开始从接近绝对零度（约 −273 摄氏度）上升至 1 000 摄氏度。气体羽流[1]会携带过量的热量到达表面，在这里气体冷却，发出阴暗的辉光，然后引力作用又将这些气体

左图：经过 10 亿年后，年轻的太阳系已经演化成为不稳定的原始行星系统，它的螺旋结构中包含了原行星、星子、小行星和彗星。

拖拽至原来的深度。气体球初始轻微的运动变成了自旋，随着球体的收缩，自旋速度越来越快。这个过程与滑冰运动员在滑冰时的旋转是一样的，当收起手臂旋转时滑冰运动员将会越转越快。经过大约 5 000 万年，星系盘的核心部分达到了 800 万摄氏度的高温。这一刻，氢气开始燃烧，我们的太阳诞生了。

气体球在向中心收缩的同时也产生了气体和尘埃的旋涡结构，一如水中旋涡的外围一样。在引力和离心力的共同作用下，这些旋涡逐渐变平成为类似圆盘的形状。圆盘的内部和外围区域具有不同的运动速度，因此又将圆盘内的物质分解后形成较小的旋涡。距离太阳较远的尘埃颗粒，只有几米，绕行速度也将相对较慢，因此内部尘埃颗粒会在速度上追赶外围颗粒。在引力作用下，它们会碰撞到一起，形成尺寸不一的"星子"（从尺寸上看，小的如鹅卵石、岩石，大的如一座山）。有的时候碰撞过程是非常剧烈的，以至于它们会被撞碎，从而再次成为岩石块。计算机的模拟过程表明，经过 1 亿年的吸积、碰撞、破碎和重建过程，积累的这些物质最终形成了我们今天所熟知的"九大行星"[2] 大致的核心。

行星形成

由于行星与太阳之间的距离不同，接收到的辐射能量不同，因此形成行星的方式也各不相同。在靠近恒星的地方，温度可能已经高达

▶ 最大的撞击坑

木星的卫星之一，木卫四（Callisto，见右图），以拥有太阳系中最大的撞击坑而著称。其中，撞击坑的中央平原区域被称为瓦尔哈拉（Valhalla），占地面积约为一个德国那么大。由于有冰的覆盖，木卫四显得很明亮，看起来像一只牛眼，变形的岩石呈现靶状，有 30 个类似的结构绵延大约 2 600 千米，占据了整个半球，这片区域大到可以容纳整个欧洲。该撞击坑是由一场巨大的碰撞事件造成的，由于此次撞击，它内部熔融状态的岩石和冰块被溅射到地表，在 –165 摄氏度的表面温度下快速冷冻。

2 000 摄氏度，如此高的温度导致尘埃颗粒不能粘在一起。在距离恒星 8 000 万 ~3.2 亿千米的区域内，温度降至 300 摄氏度左右，这时气体仍然会由于被加热而进行无规则运动，但是固体的尘埃颗粒可以相互黏着，并逐步增大形成尘埃团。其中 4 个留存下来的尘埃团，形成了水星、金星、地球和火星这 4 颗位于太阳系内部区域的行星的内核。这些行星上大部分残余的气体被太阳发出的辐射流（太阳风）吹离。受到太阳辐射和自身因坍缩而产生的热量影响，这些行星的内核经历了融化和凝结的过程，较轻的材料上升到表面形成地幔和地壳。

在行星盘较冷的外围区域，由于距离太阳太远，气体的温度只能稍高于绝对零度。元素颗粒和气体混合形成木星、土星、天王星和海王星这 4 个巨大的气体行星的核。这些巨行星像大扫帚一样，把星际空间中的残余"碎屑"清扫干净（冥王星是一个奇怪的存在。它的偏心公转轨道和微小的体积表明，它可能曾经是某颗行星的卫星）。

然而并非所有太阳系中的"碎屑"都已被利用完：内太阳系[3]中剩余的固态尘埃团和外太阳系剩余的冰球将构成本书的主题。

右图：土星环是由星尘和鹅卵石大小的石块组成的带状结构，在碰撞和引力的共同作用下保持稳定。它们可以被看作是演示太阳系如何形成的微缩模型。

重要的大轰炸阶段

从本质上讲，这一形成理论最早是由哲学家伊曼纽尔·康德在 18 世纪中叶提出的。虽然他当时只是提出猜想，但今天的天文学家们知道这个理论大体上是准确的，因为他们可以看到其他恒星周围环绕的尘埃盘和行星盘。虽然行星形成的细节目前仍然是个谜，但康德理论解释了太阳系的许多观测事实。例如，它解释了为什么各大行星全部按照同一方向公转，并且与太阳自转方向相同，以及为什么它们都位于同一平面上（如果将太阳系比喻成一张薄饼，那么它的厚度只有 1 厘米，其中容纳所有行星的公转轨道）。康德理论还解释了为什么各大行星的公转轨道几乎都是圆形的，以及为什么内部区域行星尺寸相对较小而且是固态的，而主要的外部区域行星通常是气态巨行星。

小行星，流星或者彗星？

该理论还解释了太阳系内大量未使用物质的存在，例如尘埃颗粒、岩石和漂移的气体。这类物质有许多种名称，部分取决于它们自身的性质，部分取决于我们在地球上如何观测到它们。尘埃颗粒的尺寸通常小于千分之一毫米，不但不能通过望远镜观测到，甚至当它们落在

左图：星际尘埃由颗粒组成，也是彗星的重要组成部分，可以合并形成如图中所示的粒子，直径为 10 微米（百分之一毫米）。

上图：流星经常会发生解体，给人一种随机爆炸的错觉。这幅 1719 年的木版画描绘了一幅恐怖的场景，其中有恒星、彗星和流星的出现。

下图：这张图片从一个更精确的视角记录了 1783 年发生的流星爆裂。

我们手掌上的时候，我们也看不到它们的存在。但当它们聚集成星际云，或者在任何晴朗的夜晚，当它们进入大气层并像流星一样燃烧时，我们就可以看到它们 [流星（meteor）一词来自希腊语，原意涵盖了所有大气现象，研究它的学科被称为气象学（meteorology）。直到 19 世纪，气象学这个名词才开始单指有关气候的研究]。

至于较重的天体，有些在常规轨道上，有些在行星之间进行大幅的运动，它们通常被称为小行星。小行星可以是任何尺寸的，从石头大小到星子大小。如果一颗小行星在大气层的灼烧之旅中幸存下来并撞击地球，它就成为陨石。在太阳附近，质量较轻的气体球会消散，或者被太阳的辐射压驱离到太阳系外围区域甚至更远的地方。在那里，气体与尘埃混合形成彗星的雏形。只有在这些天体接近太阳时，它们才会成为人类很早就已经熟悉的形状：它们有发光的头部和流线型的尾巴，因此得到了一个希腊语的命名——长毛星（aster kometes）。

★ 在欧洲，公元 902 年被戏称为"星星年"，因为在这一年流星出现在天空中的场景就像雪花四散一样。

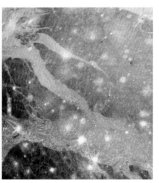

左图：作为木星的卫星，木卫三（Ganymede）是太阳系中最大的卫星。散布着小陨石坑的多样地形说明，地质活动已经破坏了较大的、更早期的陨石坑。

上图：火卫一（Phobos）是火星的两颗小卫星之一，很可能是一颗被捕获的小行星。它的表面分布着很多陨石坑，其中一个陨石坑的形成过程是由一次剧烈的撞击造成，这次撞击几乎将它撞碎。

人们曾经认为，这些类别定义了完全不同的、独立的天体，而且它们也不同于卫星和行星等。比如小行星是由坚硬的岩石和金属铁组成的，彗星是由太阳光能激发的冰物质组成的。现在天文学家知道所有这些不同的类别都可以相互转化。比如，彗星内部中的气体被耗尽后可能变成一颗小行星。天文学家估计大约三分之一的小行星是"死去"的彗星。二者都是由气体和尘埃构成的，而且如果它们碎裂，它们将会再次变成气体和尘埃。卫星很可能是被捕获的小行星（正如火星的两颗小型卫星），小行星也可能是逃逸的卫星。卫星可能比行星还要大（如木卫三比水星还大）。体积比较大的小行星可以被定义为小的行星，反之亦然。例如，最近被开除出行星之列的冥王星，以往通常被称为大行星。一方面，它的轨道偏心率非常大，可能更适合被描述为小行星；另一方面，它又有自己的小卫星——卡戎，恰好和已知最大的小行星谷神星一般大小。

太阳系演化

散碎的岩石、尘埃和气体对于太阳系的演化具有特别重要的意义，因为太阳系的形成和再形成过程从未停止过。太阳和行星仍在继续清除剩余的散碎物质。一些残余物质会被太阳吸收。而对于行星来说，如果给它们最初的几亿年拍一部慢动作影片的话，其中将会充满各种戏剧性和灾难性的片段。每颗行星都经历过多种不规则的轰击，每次新的撞击都会形成新的撞击坑，有时会将熔融的岩石溅入太空。对

▶ 来自火星的岩石

1984 年，陨石猎人们在南极洲艾伦山附近寻找陨石，发现了一块土豆大小的绿色陨石。这块陨石被命名为 ALH 84001，是那一年在艾伦山发现的第一块陨石。透过这块陨石的化学结构和其中封存的 45 亿年前的少量空气，人们发现它有着不同凡响的历史。与海盗号（Viking）着陆器在 1976 年收集的大气对比之后，人们发现这块岩石是在火星上形成的，在小行星或彗星撞击到火星时被弹入水中。直至火星表面变得干涸，它在那里躺了数百万年，然后又在大约 1 500 万年前的另一次撞击过程中被喷射入太空，最终在大约 13 000 年前落到南极洲。由大卫·S. 麦凯（David S. McKay）领导的美国宇航局研究小组在显微镜下发现其中有些结构看起来像是微生物化石，似乎表明火星上存在原始的微生物[4]。1996 年科学家们宣布火星上可能存在生命，在国际上引起了很大的反响和科学研究的热潮。没有科学家主张这一证据是绝对正确的，但也几乎没有人公开反驳这种可能性。无论结论如何，这块来自火星的石头都促进了人类对陨石、火星和生命本质的研究。

1984 年发现于南极洲的火星陨石

放大 10 万倍后的火星微生物化石

于较小的行星，侧面的撞击甚至会使它们的旋转轴倾斜或旋转反转（这就是为什么太阳系内的两颗行星——金星、天王星——自转的方向和它们围绕太阳公转的方向相反的可能原因）。

经过了大约 6 亿年，太阳系才终于进入了某种稳定的状态。拥有活跃的大气层和地质构造的天体重塑了自己的地表，但许多保留下来的证据仍然显示着大约发生在 40 亿年前的大轰炸。月球几乎可以肯定是早期大轰炸的产物。一颗小行星从侧面撞击地球，将年轻地球的大部分地幔撞成碎片，并形成了我们的卫星。随着月球表面的冷却硬化，更多的碎片落下，产生的热量将岩石融化形成了巨大的月表平原结构，人们称之为月海。这场岩石雨逐渐变得更分散，落下的石块越来越小，并且来自相对更远的部分。

水星遭遇了与月球类似的经历，因此它看起来非常像月球。水星上的卡洛里斯盆地，是一个巨大的充满熔岩的撞击盆地，宽度大约为 1 300 千米，与月海的形成类似。如同月球一样，水星表面残留着规则分布的、较晚形成的小型陨石坑，但数量相对较少，这表明太阳的引力场可以影响陨石的分布。在火星上，陨石坑的分布很不均匀。显然，火星北半球更容易发生火山喷发和熔岩外流，陨石坑因而会被掩埋。水星南半球看上去与月球十分相似，只不过许多陨石坑已被风吹来的沙丘填埋。在金星上，高密度的大气层、剧烈的风和火山对其地表进行了大量的修整，但仍有几个巨型陨石坑留存下来。木星最大的卫星木卫三和它的姐妹

左图：月球表面的撞击坑是月球从地球分裂出来后，陨石雨撞击表面形成的。陨石撞击月球表面后引起火山爆发，喷出的岩浆填充到陨石坑里，形成了月球表面这些黑色的月海。

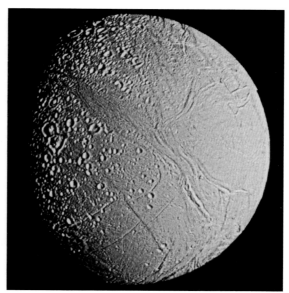

左图：在水星上，较小及更晚的陨石坑遍布在卡洛里斯盆地，后者是在一次久远的撞击中产生的熔岩"海"。

上图：土星的卫星土卫二上既有陨石坑，也有由较晚的冰和熔岩流形成的平原。

星卡利斯托布满了坑坑洼洼的陨石坑。土星的18 颗卫星中只有一颗（泰坦）有陨石坑。在天王星的 15 颗卫星中，不少有陨石坑的特征；实际上，天卫二上的陨石坑密度非常大，以至于形成了相互间的重叠。

在 40 亿年的过程中，大部分尘埃和较大的天体已经消耗殆尽，但仍然还有许多残留天体，它们将会造成星球上的"暴雨"。"暴雨"大部分由尘埃颗粒构成，地球上落入的尘埃颗粒每天可能多达 1 亿个。大多数的尘埃颗粒比针尖还小，在不知不觉中就已燃烧殆尽了。只有那些较大的可以更深入地穿透大气层的天体，才会气化成为流星。在晴朗的夜晚，你很可能在一小时内看到多颗流星。通常情况下，流星会成群结队地出现，形成"流星雨"，这样的流星雨每年都有十几场。

彗 星

在大多数情况下，"暴雨"来自处于持续分解状态的彗星。彗星的头部由松散结合的冰晶构成，天文学家常用"脏雪球"来指称它。该名词是由美国天文学家弗雷德·惠普尔（Fred Whipple）在 1950 年提出的。通常来说，大多数雪球运转在冰冷的星际废料中间，离太阳非常遥远，以至于在宇航员看来它们并不比其他恒星更明亮。只有当这些雪球靠近太阳时，它们才会成为真正的彗星。它们在向内加速时，其中的气体受到太阳引力的影响，气体温度升高并形成喷发。受到太阳的热量影响

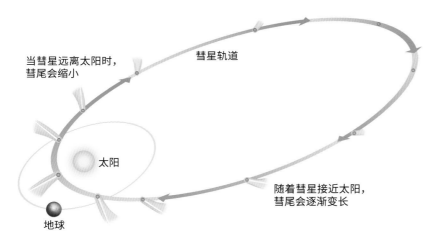

当彗星远离太阳时，彗尾会缩小

彗星轨道

太阳

地球

随着彗星接近太阳，彗尾会逐渐变长

左图：大多数彗星的轨道扁长，其轨道半长径往往比冥王星轨道的半长径更长。彗尾是在太阳的热辐射作用下产生，被太阳风中的光和辐射吹向外侧。

左图：一颗在夜空中燃烧的流星。持续时间不超过 1 秒，它是通过相机长曝光拍摄到的，因此背景中的恒星显得很模糊。

上图：1992 年记录的彗星斯威夫特－塔特尔（Swift-Tuttle）。在长时间曝光的模糊的恒星背景下，我们可以看到这颗彗星的头和尾等主要特征。

而挥发形成的尾巴相当稀薄，因而太阳辐射的压力（太阳风）足以使得它始终指向远离太阳的方向，即使在绕过太阳改变运行方向后，彗尾的方向也一直保持不变，直到彗星再次消失在远方。

短周期彗星环绕太阳的轨道周期通常不超过 200 年。在运行过程中，有的彗星会与一到两颗行星相互作用，从而永远地从太阳系中离开。长周期彗星可能需要长达 1 000 万年的时间来环绕太阳一圈，甚至可以到达距离最近的恒星一半的位置处。那里就像一个彗星"蓄水池"一样，可能潜伏着数十亿颗的彗星。

彗星是"暴雨"的重要来源。它们的尾巴形成了延伸的星际尘埃云，并在数十年的时间里在同一位置缓慢地漂移和扩散。许多彗尾与地球轨道相交，当地球穿过它们时，它们就化为了流星雨：英仙座流星雨就与斯威夫特－塔特尔彗星有关，该彗星于 19 世纪被发现并于 1992 年再次回归。斯威夫特－塔特尔彗星每 130 年回归一次，但是每年地球都会扫过它的残骸而形成一场流星雨。

行星引力可以把彗星撕裂，使彗星走向

戏剧性的结局。例如，在 1826 年，人们发现了一颗周期只有短短 6.75 年的新彗星。1845 年，在人类第 3 次观测到它后，它分裂成了两部分。1872 年，这颗彗星的一部分在一次壮观的流星雨中落到了地球上。最令人印象深刻的分裂事件发生在 20 世纪 90 年代初期，当时人们发现了一颗新的彗星，并根据两位发现它的天文学家的名字将其命名为舒梅克 – 利维（Shoemaker-Levy）彗星。这颗彗星被木星的引力场所捕获，分裂成了一批更小的彗星，最终于 1994 年 9 月在一系列巨大的爆炸中落往木星（见本书第 86 页）。彗星在经历过多次回归后，挥发性气体在其近距离地靠近太阳时将被吹走，只留下核心的部分。此时彗星就变成了一颗小行星，就像行星轨道间的数百万颗小行星一样。

小行星

小行星的体量大不相同，涵盖了从不规则的大型岩石到大致呈球形、小型卫星大小的天体，有成千上万的小行星绕太阳运行。现在人们可以通过地面望远镜、雷达和航天器获得更详细的小行星的分析数据。

在已知的小行星中有 25 颗直径超过 100 千米，另外 50 颗左右的小行星直径在 75~100 千米之间。低于该尺寸的小行星的

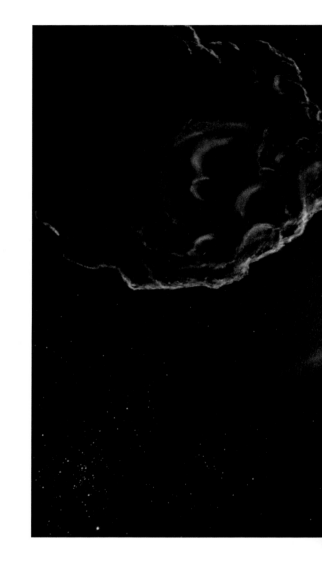

上图：这是一幅自小行星带视角来构想的图画，其中，两颗小行星围绕太阳运行，太阳光被附近的尘埃云散射开来。箭头所指的行星是火星。

数量随着直径的减小而增加。所有小行星都有自己的编号，而被命名[5]的小行星大约有8 000颗（天文学家通常会在名字前添加数字来命名，例如253 Mathilde、288 Glauke）。现在已知典型的、直径在1千米左右的小行星超过30 000颗，但这只是数百万颗小行星中很微小的一部分，小行星的尺寸可以是岩石、鹅卵石和石子大小。

大多数小行星分布在火星和木星之间的小行星带中（见本书第2章）。它们可能是一颗未能成型的行星的原材料，这颗行星的形成过程由于木星巨大引力场的破坏而被中止了。在这个独特的地带，每一颗小行星几乎不受到其他大行星的引力作用，但小行星之间的相互作用是不可忽视的。虽然数以百万计的小行星很容易找到自己的稳定空间，几个探测器也已经顺利地穿过小行星带且没有发生任何事故，但它们的轨道会不断发生变化。就像三维空间中躲避来往的车辆一样，长期来看，每个小行星都有可能经历无数次相互碰撞。

亿万年来，一颗年龄较老的小行星也许只是被尘埃和鹅卵石大小的天体撞击过。一个巨大的物体以每秒5千米的速度撞击向小行星，足以粉碎任何直径小于几千米的天体。通常，早期碰撞产生的较小的巨石又重新聚集在一起，产生不规则形状的碎石堆结构。一个例子是卡斯塔利亚（Castalia），它是一颗"双小行星"，由每4小时相互绕转一周的两块巨石组成。另一颗小行星，地理星（Geographos）是一个长5千米但宽度不到2千米的雪茄状小行星。混沌的形成过程导致小行星多种多样的形态，它们有些保留了早期太阳系的化学性质，有些则受到了破坏和融化，成为一个小行星大小的化学坩埚。

小行星带并不是这些惰性岩块的唯一聚集地。另外一些被称为特洛伊的小行星，它们在木星的轨道上运行，在引力作用下，形成了在这颗巨大行星前后各60度的两个群体。许多小行星在大偏心率的椭圆轨道上运行，其中一些小行星穿越地球轨道，有时候与地球的距离近得吓人，是一类存在威胁的小行星。像行星一样，小行星们几乎都落在行星盘[6]的平面内，这表明它们是经历了相同的过程形成的。但是有一颗小行星伊卡洛斯的轨道是从行星盘下方切入，这说明它似乎曾经在恒星之间自由运动，并最终被太阳捕获。

大小不一的陨石

陨石可以是各种各样的物体，它们可以通过不同的化学成分和形成历史来分类。大体上陨石分为石陨石（主要由岩石组成）、铁陨石（主要由金属铁和镍组成）以及石铁陨石（由岩石

上图：伊达的长度为56千米，它狭窄的"腰部"表明它是由两个撞在一起的天体组成的。

右页图：从艺术家角度描述的伊卡洛斯：在距离太阳最近的地方发着红光，此时距离水星近3 000万千米。

和金属组成）。不同的陨石具有不同的氧同位素，有的陨石的碳含量非常高，有的陨石的水含量很高。陨石内是否含有水取决于它们的起源地与太阳之间的距离。一些陨石富含镍和铁，这些金属与太阳系内部行星的内核物质相同。它们似乎在以每100万年降低1摄氏度的速度缓慢地冷却。因此那些富含金属的铁陨石最初应该是直径至少100千米的小行星的核心。这些微小行星已经足够大到可以产生内部热量，同时发展出内核和壳层结构。几千年的演化过程中，壳层在与其他天体的碰撞中被破坏，留下了裸露的内核。一些陨石已经被证实是工业文明前铁器的来源。

宇宙星尘：彗星、流星与小行星

大多数陨石密度太高，因此不可能是从彗星中来的。它们通常是鹅卵石或小石子的大小，但实际上它们可以更大，有时甚至可以超乎我们的想象。几乎从人类历史初期，人们就已经清楚了陨石是天外来客的事实，并经常将它们视为神圣的存在。据《圣经》记载，以弗所人崇拜的女神亚底米是从天而降的。由于陨石传统上被认为是神圣的，因此直到1794年，科学家们才把它们视为研究对象。当时德国物理学家恩斯特·克拉德尼克（Ernst Chladni）

克服了同时代人的嘲笑，并令人信服地说明了陨石实际上是一些宇宙物质。

每年都有数百颗陨石坠落在地球上，伴随着闪电和可能发生的一系列爆炸。虽然从一般人的角度看来，这样的事并不特别稀奇，但对天文学家来说，这些陨石非常重要，因为除了美国宇航员在阿波罗计划中带回的月球岩石，它们是太阳系中唯一可以直接研究的地球外物质。大多数陨石落入了海中，但每年仍有数百颗会被找到。南极洲是陨石的丰富藏地，白色

宇宙星尘：彗星、流星与小行星

左页图：11 月狮子座流星雨中的流星在长曝光拍摄的星轨背景下坠入地球。

右图·上：这块陨石在史前时期袭击了纳米比亚的霍巴的西部区域。它于 1920 年被发现，重达 60 吨，是这次撞击事件中幸存下来的最大的主体部分。

右图·下：19 世纪早期，在智利阿塔卡马沙漠中发现的这种石铁陨石是在太阳系演化过程中形成的。

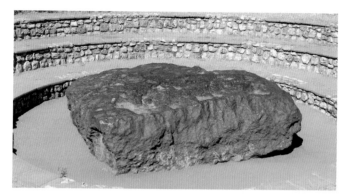

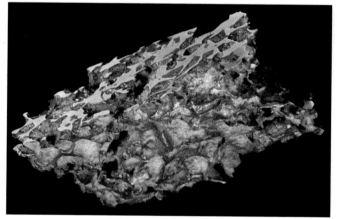

的冰川和黑色的陨石形成鲜明对比，使得陨石很容易被发现。自从 1969 年发现第一颗南极陨石以来，人们目前已经找到了 4 万多颗陨石[7]，为理解其母星的结构提供了大量的信息。

较大的陨石，无论是否是彗星残骸，都对包括地球在内的行星演化产生了持续的、巨大的影响。一些进入地球大气层的天体永远不会落到地面。1975 年至 1992 年间，美国卫星记录了高层大气中的 136 次爆炸，这些爆炸可能都是小型流星产生的。在下落过程中幸存下来的天体，将会造成惊人的结果。美国亚利桑那州的陨石坑深达 182 米，长达 1 200 米，是大约 5 万年前被一块巨大的陨石撞击而成。1969 年，一颗重达 2 吨的陨石落在墨西哥阿连德附近的乡村，科学家们从这颗陨石中获得了早期太阳系的大量信息。这颗陨石中含有一

左图：1969年落在墨西哥阿连德附近乡村的2吨重的陨石之局部50倍放大图像。该陨石结构复杂，包含39种化学元素。

下图：位于美国亚利桑那州弗拉格斯塔夫附近的陨石坑横跨1.2千米，深约200米。撞击出这个陨石坑的小行星大约重6000万吨，已经完全气化了。

种特殊形式的镁同位素，这种镁同位素只能在巨大的恒星爆炸中产生。镁同位素在被纳入阿连德陨石之前，就已经存在于星际空间。所以这些镁同位素，像星际化石一样，记录了超新星爆发可能触发太阳系形成的证据。

陨石和小行星的区别仅仅在于尺寸。二者由相同的物质构成，并且有相同的形成过程。体积较大的小行星相对稀少，一旦撞击行星也将造成更大的危险。每隔一两个世纪较大的天体就有可能击中地球，如果落入城市，将产生灾难性的破坏。每隔50万年左右，地球如同任何其他星球一样，有可能会发生比这更加恐怖的事件。这提醒人们：地球仍然处于一种不断重塑的动力学演化过程中。

★ 1992 年 10 月 9 日，一个火球划过天空降落到美国纽约州皮克斯基尔镇，击中了一台停驶中的汽车的后保护板。

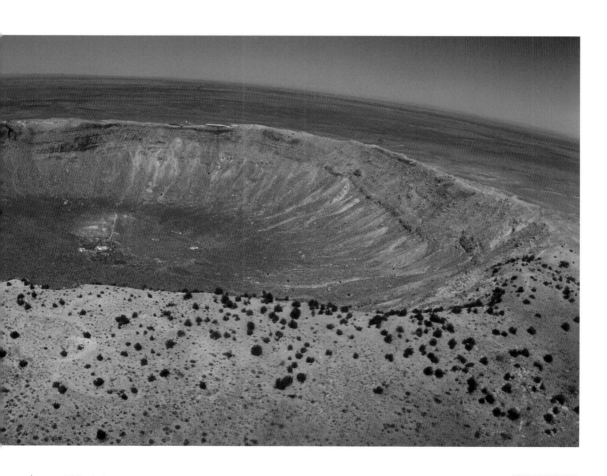

THE
OUTER
LIMITS

太阳系
外边界

太阳系外边界

人们曾经认为彗星和陨石的出现是孤立的事件。但在 19 世纪早期，大量积累的证据使天文学家们能够看到它们以及其他天体是不同族群的成员，有各自的起源和演化历史。太阳系内部区域在自身的形成过程中制造了碎石，其中一些碎石会被安全地围在特定的区域，而另一些则漫游在行星之间的偏心轨道上。在太阳系外部区域，数十亿颗蛰伏的彗星围绕着遥远的太阳形成了一个弥漫的、不可见的晕环。这个遥远的区域可分为两部分——一个是稍近一些的环带，是具有数十年到数百年轨道周期的彗星的发源地；另一个是非常遥远的外壳区域，在那里的彗星需要花数百万年才能完成一个周期的运行。根据天文理论和观测证据，太阳系已经演化为一个比早期天文学家想象的更加广阔和复杂的地方。

P28 图：20 世纪令人印象最深刻的访客之一是来自太阳系外部的海尔 - 波普彗星（Hale-Bopp）。这颗彗星于 1997 年出现在地球的夜空中。

小行星带的发现

只需要瞥一眼太阳系的图片，就可以明显看到两组行星：小的内部行星和大的外部行星，两组行星之间有很大的间隙。正如在 17 世纪初计算出行星距离的约翰内斯·开普勒（Johannes Kepler）所建议的那样，这里看起来好像缺失了一颗行星。"在火星和木星之间，"开普勒写道，"我需要放一颗行星！"

一个多世纪之后，开普勒对火星和木星之间存在行星的预测被一位名不见经传的德国天文学家约翰·提丢斯（Johann Titius）所延续。提丢斯提出了一项数学定律，证明了这颗行星的存在。1772 年，柏林天文台台长约翰·伯德（Johann Bode）推广了提丢斯的定律，因此，这一定律通常被称为伯德定律。1781 年发现的天王星，让这个定律看上去接近完美，

但 1846 年发现的海王星却不符合这个定律。这样看来，伯德定律或许并不是真正意义上的定律，然而，一个世纪以来，它却被看作科学真理的一部分。证明该定律的尝试最终揭示出有关太阳系本质的一个令人吃惊的真相。

寻找缺失的行星

受到伯德定律的启发，18 世纪末德国最重要的天文学家约翰·施罗特（Johann Schröter）致力于寻找这颗缺失的行星。以观察月球而闻名的他在不来梅附近的利林塔尔

下图：小行星带中大部分天体的轨道位于火星和木星之间。实际上这个小行星带由 10 多个独立的子带构成，另外两个被称为"特洛伊"的小族群，聚集在同一轨道上，分别位于木星的前方和后方。

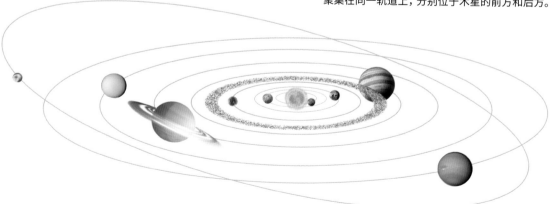

1800—1900 年期间发现的半径超过 100 千米的小行星

日期 (年)	名称	发现者
1801	谷神星（Ceres）	G·皮亚齐
1802	智神星（Pallas）	H·奥尔伯斯
1804	婚神星（Juno）	K·哈丁
1807	灶神星（Vesta）	H·奥尔伯斯
1847	虹神星（Iris）	J·辛德
1847	健神星（Hygiea）	A·德·加斯帕里斯
1850	芙女星（Egeria）	A·德·加斯帕里斯
1851	司法星（Eunomia）	A·德·加斯帕里斯
1852	灵神星（Psyche）	A·德·加斯帕里斯
1854	丽神星（Euphrosyne）	J·弗格森
1854	海后星（Amphitrite）	A·玛撒
1857	昏神星（Doris）	H·戈尔德施密特
1857	香女星（Eugenia）	H·戈尔德施密特
1858	掳神星（Europa）	H·戈尔德施密特
1861	原神星（Cybele）	E·坦普尔
1866	林神星（Sylvia）	N·普森
1867	彩神星（Aurora）	J·沃森
1868	驷神星（Camilla）	N·普森
1872	赫女星（Hermione）	J·沃森
1892	小行星 324/ 班贝格星（Bamberga）	J·帕利萨
1896	小行星 42/ 狄欧蒂玛星（Diotima）	A·查洛斯
1899	小行星 451/ 忍耐星（Patientia）	A·查洛斯

（Lilienthal）运营着一座天文台。1800 年，他邀请了 5 位同事一同搜索这颗行星。他们组建了一个协会，很快就获得了新成员。这 24 位学者戏称自己为"天体警察"。他们每个人负责研究天空的不同区域，检查黄道带所有星体，试图找到未知的移动天体。

然而，在"天体警察"们取得进展之前，有了一些其他的发现。1801 年 1 月 1 日，意大利天文学家朱塞佩·皮亚齐（Giuseppe Piazzi）在西西里岛的巴勒莫编写星表时，偶然发现了金牛座中的一个移动光点。皮亚齐跟踪观测了 6 个星期，但正如在给"天体警察"的一封信中所解释的那样，他认为这是一颗没有尾巴的彗星，而不是一颗行星。无论如何，当"天体警察"收到他的信时，这个微弱的移动光点已经消失了。

幸运的是，皮亚齐的记录足以让伟大的德国数学家卡尔·高斯计算出这个物体的运动轨道并预测它的位置。高斯的计算如此精确，以至于根据计算结果，"天体警察"的早期成员之一海因里希·奥尔伯斯在近一年后又成功地发现了它。它不是彗星，而是一颗新发现的行星，恰好处于它应该在的地方——火星和木星之间的间隙中。它被命名为谷神星[8]，以纪念西西里岛的守护神——罗马神话中的谷物之神塞利斯。

左图：卡尔·高斯是一位数学天才，计算出了谷神星的轨道。这颗小行星是人类发现的第一颗小行星。

右图：灶神星（Vesta）是人类发现的第四颗小行星，是所有小行星中尺寸第三大的天体，直径约为 510 千米。

只是些碎石

可是，这里仍然有一个问题：谷神星作为一颗行星来说太小了，直径只有 940 千米。也许还存在着另一颗"正确的"行星？搜索这颗行星的工作仍在继续。1802 年 3 月，在谷神星被命名几周后，奥尔伯斯发现了另一个移动光点，将其命名为智神星。作为一名业余天文爱好者，奥尔伯斯在不来梅的家中建立了一个观测台。他认为这两颗"小行星"可能是一个破碎的大型天体的残余物。如果是这样的话，那么可能还会有更多类似的天体存在。

不出所料，1804 年，施罗特的助手卡尔·哈丁（Karl Harding）发现了第三颗类似天体（婚神星），而奥尔伯斯又发现了第四颗（灶神星，1807 年）。"天体警察"们发现的并不是一颗行星，而是一组"小行星"或如英国天文学家

▶ 伯德定律

约翰·提丢斯的"定律"预言在火星和木星之间存在一颗行星。这个定律由约翰·伯德（右）推广，并由其名字命名。该定律的原理如下：按顺序列出数字 0、3、6、12……并继续加倍，然后将每个数字加 4 变成 4，7，10，16……这些数字给出了从水星开始的已知行星之间的距离比例，精确度非常高。但是按照这个定律，在火星（16）和木星（52）之间缺失了一颗行星，它应位于约水星到太阳距离的 7 倍处（28）。因此，提丢斯和伯德预测在此处存在未被发现的行星。事实最终证明，这里存在的不是一颗行星，而是成千上万的小行星。

威廉·赫歇尔 (William Herschel) 爵士口中的
"星状天体"。

　　这些就是全部吗？"天体警察"持续搜索，
却一直没有新的发现。到 1815 年，他们认为
所有的小行星都已经被找到了，因而解散了这
一组织。但 1830 年，另一位业余天文爱好者
卡尔·亨克（Karl Hencke）接手了搜索的工
作。15 年后，他发现了两颗新的小行星。之后，
随着技术的进步，一系列新的发现喷薄而出：
截至 1850 年，人们发现了 6 颗新的小行星；
到了 19 世纪末，这个数字达到了 432 颗，其
中 92 颗是由法国天文学家奥古斯特·查洛斯

上图：从木星的卫星木卫一的视角来描绘小行星带中柯
克伍德空隙的一部分。

右页图：谷神星是最大的一颗小行星，直径约为 940
千米，黎明号 (Dawn) 在 2015 年 5 月造访了谷神星，
并拍摄了高清图像。

（Auguste Charlois）发现的。

　　美国天文学家丹尼尔·柯克伍德（Daniel
Kirkwood，1815—1895）是第一个注意到小
行星的分布具有奇怪特性的人。它们不仅在"缺
失的"行星的轨道上运行，而且它们的轨道是
分散的。它们形成了好几条环带，彼此之间存

有空隙。这是因为木星的引力会影响与太阳具有特定距离的小行星。木星的引力扫过一些轨道，迫使这些轨道上的小行星进入其他轨道。这些空的"槽"根据其发现者被命名为柯克伍德空隙（Kirkwood Gaps）。

现在人们已经命名了大约 10 000 颗小行星，用数字编号了成千上万的小行星，并且这个数目还在以每年数千的速度增长。天文学家现在知道它们不像是"天体警察"们所认为的那样，是行星破碎后的残骸，而是一颗尚未成形的行星的碎石原料。木星这颗巨大的相邻天体的引力使得它们无法聚合。

小行星研究现状

不久之前，即使那些较大的小行星看上去也不过是神秘的光点。然而现在，在各种类型的望远镜和空间探测器的帮助下，我们对它们有了更多的了解。

谷神星是最大的小行星，至少比其他任何小行星大两倍。它位于小行星带的中间，扮演了前哨站的作用。更靠近地球的小行星颜色较浅，如同地球表面一样崎岖不平，而距离地球较远、位于较寒冷区域的小行星颜色较深，因为它们为煤烟状的碳化合物所覆盖。谷神星是这一类碳质小行星中的一颗，含有大量被矿物质锁住的水分子。谷神星曾吸积较小的石质天体，向成为一颗正常大小的行星发展，然而它的努力最终被木星引力所终结。对于未来可能登陆谷神星以补充矿物和水的宇航员而言，他们不会像科幻电影里常见的那样受到翻滚的岩石的威胁。每隔几个月，我们的宇航员就会注意到有一颗小行星划过天空，但它只不过是另一颗明亮的星状天体。任何其他星球的殖民者可能等待几辈子都不一定会遇到一次撞击。

最新发现

随着 20 世纪 90 年代先后有两台探测器探测了 4 颗小行星，以及在接下来的 10 年内

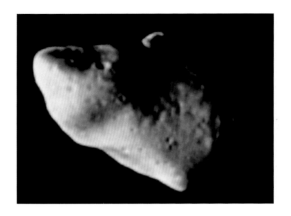

上图：长约 19 千米、齿状的加斯普拉，是与人类航天器相遇的第一颗小行星（伽利略号，1991 年）。

下图：伊达是人类发现的第一颗自带卫星的小行星，它的卫星被命名为艾卫（见图的右侧）。

的数次近距离飞越，小行星科学走向了成熟。第一颗被拍照的小行星是加斯普拉（Gaspra）。伽利略号（Galileo）探测器在 1991 年飞往木星的途中与这个笨拙的庞然大物擦肩而过。它长约 19 千米，与珠穆朗玛峰差不多大。所有新发现的天体都会带给天文学家惊喜：加斯普拉的惊喜是它的表面只有很小的陨石坑，这说明它要么是一颗相当新的小行星，要么就是最近刚从一颗较大的小行星上被撞击出来。伽利略号的第二个探测目标伊达给我们带来的惊喜是：它有一颗自己的卫星艾卫（Dactyl），并且地表到处都是巨石。这表明天体地质学家

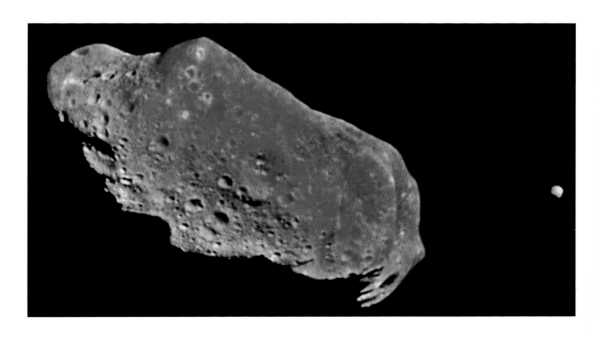

宇宙星尘：彗星、流星与小行星

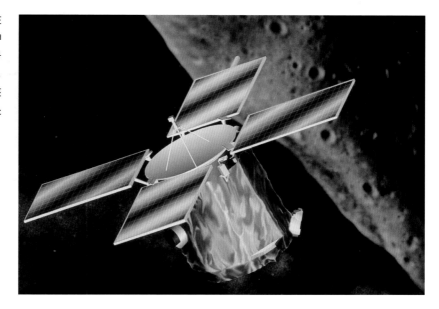

右图：这幅图片展示了在长约 33 千米的小行星爱神星周围轨道上的 NEAR 号航天器。2000 年 10 月，NEAR 号航天器在距离该小行星地表以上 6 千米处实施探测任务。

（研究外太空地质的学者）是正确的，即小行星由大量碎石堆积而成。

当近地小行星探测器 NEAR 号于 1997 年飞越小行星玛蒂尔德（Mathilde）时，发现它是一个与加斯普拉截然不同的天体。玛蒂尔德长约 60 千米，有 4 个巨大的陨石坑。事实上，它看起来像是某个天体的一半。

NEAR 号的第二个探测目标是小行星爱神星（Eros）。爱神星的轨道非常靠近地球，属于对地球存在直接威胁的一类天体。它是第一颗以男性名字命名的小行星，由古斯塔夫·威特（Gustav Witt）在柏林和 19 世纪的顶级小行星猎人奥古斯特·查洛斯在法国尼斯几乎同时发现。由于它和地球之间的距离相对较近，人们对它非常感兴趣。通过研究它的质量和轨道，天文学家们可以更好地增进对地月系统的认识。这座运转中的山峰只有 33 千米长，引力场非常弱，地球上重达 45 千克的物体在这里只有 28 克重，但这一引力已足以支持 NEAR 号围绕它缓慢运行。一年之后，NEAR 号燃料耗尽。美国宇航局在 2001 年 2 月 12 日设法令其坠毁在这颗小行星上。在那之前，NEAR 号已揭示出了令人震惊的景象：大小不一的陨石坑，各种颜色的山脊和小平原，所有这些资料构成了一门全新的空间科学的分支——小行星地质学。

左页图：彗星是小行星还是小的大行星呢？凯龙星的轨道位于土星和天王星之间，周期约为 51 年。当它靠近太阳时，它会被加热并像一颗彗星一样喷出气体，正如在这幅想象的图片中一样。随着它远离太阳，它会冷却下来，彗星的特征也随之消退。

多重身份

太阳系起源时生成的残余物质不仅限于小行星带，还有一些漫游在木星以外不规则轨道上的小天体。第一颗同类天体的发现史，带给我们一个预警，即这类天体通常非常不容易分类。

1977 年，天文学家查尔斯·科瓦尔（Charles Kowal）注意到土星与天王星之间有天体在进行轨道运动。起初他认为这是一颗彗星，但它没有彗尾，因此他将其列为小行星。为了体现这颗小行星的双重性质，他将其命名为凯龙星。凯龙是希腊神话中半人半马的生物之一。凯龙星（注意不要与冥王星的卫星卡戎混淆）直径大约 200 千米，作为小行星来说，这个体积实在是相当可观。然而，在凯龙星被命名为小行星 11 年后，由于这时它的轨道更加靠近太阳，它的亮度突然加倍，凯龙星生成了一团模糊的尘埃和气体光环，也即彗发。这颗中等大小的小行星，在它再次飘往深空之前变成了一颗非常大的彗星。也许有一天，它不稳定的轨道会使它来到地球附近，那时，它可

能变成有史以来最亮的彗星。

凯龙星最终被证明是位于外部巨行星区域在椭圆形轨道上运转的小天体族群中的一员。目前已经发现了 7 颗这样的小天体，其中福鲁斯星（Pholus）和寿龙星（Nessus）也以半人马族的名字命名。当发现更多这种天体时，如果它们同样显示出类似的双重性质，那么人们还会采用相应的命名方式。

另一颗具有多重身份的奇异天体是施瓦斯曼 - 瓦赫曼彗星（Comet Schwassmann-Wachmann）。它于 1908 年由两个德国人发现，并据其名字命名。由于很难被观测到，它几乎不为公众所知，但天文学家们对它的兴趣却很大。它是一颗短周期彗星，处于罕见的圆形轨道中，每 15 年绕行太阳一周，大致位于木星轨道的附近。由于它永远不可能更接近太阳，因此在大多数情况下它看上去更像是小行星而非彗星。可是，它几乎每年都会喷发，在喷射出一团气体和残余物质的同时，亮度也提

★ 资料记载的、距离地球最遥远的天体是小行星 1996 TL66，它的轨道可以将其带往 200 亿千米的太空深处。

升至 300 倍。奇怪的是，它的尾部呈现为螺旋状，而其核心直径大约为 40 千米，不断旋转并像公园喷水车喷水一样向外抛射。

这颗彗星或许正处于彗星期的边缘。目前没人能够解释它的活动。我们也许可以认为它的工作机制是这样的：在内部气体消散后，这颗天体成为一块具有松散的、多孔表面的黑色残余物。这种情况就像路边雪堆在春天融化时，表面形成了一层硬壳，气体被包在里面。一旦压力增大，内部的气体就会像火山一样喷发出来。耗尽能量之后，它的内核又回到原始状态，直到下一次喷发。也许有一天，当人们可以更好地解释施瓦斯曼－瓦赫曼彗星的工作原理时，它将被重新归类为半人马类星体。

边 界

大约 40 年前，在太空探索时代刚刚开始时，冥王星通常被认为是太阳系中最遥远的天体。它看起来已经相当遥远了，与太阳之间的距离是地球到太阳距离的 40 倍，连光都需要 5 个小时才能到达。当时人们理所当然地认为不会有其他天体的距离会比这更远了，即使有的话，它们也太遥远、太渺小，因此毫无意义。但最近的发现和理论表明，如果将太阳系看成一座城市，其中的行星只占据了这座城市最核

上图：冥王星及其卫星卡戎。人们过去认为它们是位于太阳系最外围的天体。

下图：1983 年，红外天文卫星在其他恒星附近发现的柯伊伯带。

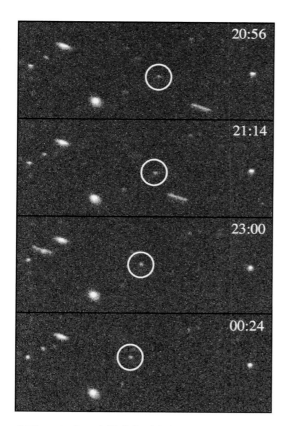

上图：1992 年，人们成功观测到了一个在天空中缓慢移动的模糊光点（用圆圈标出）。这是冥王星外部的天体的首个观测证据。这颗小行星被命名为 QB₁，是第一个被发现的海王星外部天体。

心的区域。根据目前的模型，在此之外，太阳系中还存在着两个弥散分布的区域，一个区域可以伸展到从太阳到冥王星两倍距离的地方，另一个区域则伸向太阳引力场的最边缘，其距离是太阳到冥王星距离的 5 000 倍左右。

柯伊伯带

第一个区域是短周期彗星的聚集地。这条布满了含冰天体的环带以荷兰裔美国天文学家杰拉德 · 柯伊伯（Gerard Kuiper）的名字命名，他于 1951 年提出了它的存在。1980 年，马德里国家天文台的胡里奥 · 费尔南德斯（Julio Fernandez）指出大多数短周期彗星与行星的轨道处于同一平面上，因此它们应该起源于形成行星时的气体、尘埃盘的延伸部分。这个想法在几年内，一直停留在理论层面。直至 20 世纪 80 年代中期，美国的红外天文卫星（IRAS）拍摄到了有这样一条带状结构围绕着绘架座的某颗恒星。随后，在 1992 年，夏威夷大学的大卫 · 杰维特（David Jewitt）和珍妮 · 刘（Jane Luu）发现了一颗直径约 320 千米大小的小天体，轨道位于海王星的外部，这是人类发现的第一颗柯伊伯带天体。

当时，由于冥王星在大偏心率轨道上，它的位置已经比海王星更靠近太阳，而且这样的位置关系已经保持了 20 年（它在 1999 年

3 月再次进入比海王星距离太阳更远的位置）。由于这个原因，在这颗命名为 QB$_1$ 的天体被发现时，人们称之为"海王星外部天体"而不是"冥王星外部天体"。这是一个明智的决定。因为 QB$_1$ 当时刚好处于冥王星的轨道之外，而在接下来的几年里，冥王星将会运行到位于它外围的轨道上。事实上，冥王星本身更应被归入柯伊伯带或海王星外部天体。为了不增加术语之间的混淆，一些天文学家将所有这类天体称为"类冥王星天体"。

之后，海王星外部天体的发现速度变得越来越快：1993 年发现了 5 颗，而自此以后每年的发现数目都在增加。截止到 2018 年 10 月，海王星外天体总数超过了 2 528 颗，并且该类星表每天都要更新。柯伊伯带的存在已经成为事实。

天文学家从理论上预测存在着多达 70 亿颗彗星 - 小行星类的天体，其中大约有 70 000 颗直径接近在 765 千米的星子，另有 2 亿颗直径在 10 ~ 20 千米之间，剩余的直径在 1.6 千米左右或更小。它们之中的任何一个都可能被从轨道中甩出来变成一颗活跃的彗星。总的来说，柯伊伯带天体加起来的质量不会超过地球质量的百分之几。天文学家们估计，较大的柯伊伯带天体之间的相互距离可能有 1.62 亿千米，也就是地球到太阳的距离。

上图：艺术家想象图。从太阳系最邻近恒星的角度看到的奥尔特云。太阳周围的休眠彗星组成的光晕一直延伸到半人马座阿尔法星的三星系统。实际上，肉眼并不能看到奥尔特云。

奥尔特云

　　另一个彗星聚集地是长周期彗星的发源地，位于那里的天体需要 200 年乃至 100 多万年才能绕太阳一圈。这片彗星星云以荷兰天文学家扬·奥尔特（Jan Oort）的名字命名。他于 20 世纪 40 年代，在研究了 19 颗长周期彗星的轨道后，发现了奥尔特云的存在。

　　奥尔特云覆盖的范围大约是地球到太阳距离的 6 000 倍到 200 000 倍，可能包含的彗星数目至少有 1 900 亿颗，甚至可能多达 10 万亿颗。尽管彗星数量十分巨大，但奥尔特云所包含的物质质量却非常小。奥尔特云在广阔的范围内稀薄地分布着，它的总质量大概只是地球质量的 40 倍，或木星质量的十分之一。

　　奥尔特云可以说是一场极大规模的三维台球游戏的产物。新生的太阳系中原本充满了彗星，它们或者逐渐在太阳和行星的引力作用下被吸积，或者被互相作用的引力彻底弹射出太阳系，或者进入彗星的墓地——奥尔特云。由于奥尔特云是由太阳系中心区域随机的散射物一点点聚集而成，因此其中的天体分散在各个方向。与柯伊伯带不同[9]的是，它是环绕着太阳系的三维光晕，结构类似于蒲公英的绒球，一直延伸到 2 光年以外离我们最近的恒星一半的距离处。

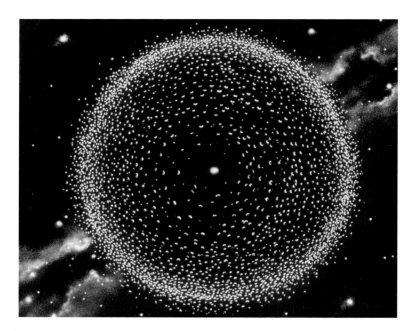

P44—45 页：复仇女神（右）是理论上分析获得的太阳的伴星，它的出现是为了解释地球上有规律周期的大灭绝。这颗昏暗的"死亡之星"具有非常狭长的轨道，每 3 000 万年回归一次，在回归时会破坏奥尔特云的稳定性，并释放出成群的具有破坏力的彗星。

左图：在这幅艺术家的想象图中，奥尔特云中大量的休眠彗星环绕在太阳周围。图中的背景是银河系。

　　奥尔特曾说，在如此远的距离上，这些被太阳微小的引力束缚着的休眠彗星很容易受到扰动。那么什么会扰动它们呢？

　　一个答案是"另一颗恒星"。恒星之间的距离较大，很少发生碰撞，但在围绕银河系中心运动的 2 亿年中，它们的位置一直在稳步地改变。每隔 100 万年，有多达十几颗恒星可以相对地接近我们的太阳。这个距离虽然不足以近到直接影响地球，但足够在奥尔特云激起波澜。用奥尔特本人的话来说，它是"被恒星的扰动轻轻掠过的一片花海"。

　　以下的场景中加入了维度的因素。如果其他的恒星也拥有奥尔特云的话——当然了，还没有人看过我们自己的奥尔特云，更不用说看到另一颗恒星的了——两颗恒星相互接近会导致两个奥尔特云混合在一起。第三种不稳定因素是来自遥远的银河系中心的引力，它在距离奥尔特云 4 光年的径向上会产生微小的变化。最后一种可能的扰动源非常少见，太阳每隔 3 亿至 5 亿年就会掠过一个未来恒星的母体——"巨型分子云"（简称 GMC）。在以上这些影响共同或单独作用下，大量的奥尔特云小天体可能进入新的轨道，在太阳系内部区域洒下彗星雨，这使得每隔几天而不是几年就有一颗新的彗星出现在地球上人类的视线里。每隔 10 万年左右，人们就会看到十几颗彗星同时出现的场景。

海尔－波普彗星

奥尔特云目前对我们来说仍然是不可见的，但天文学家最近看到了来自这个遥远地区的信使。在 1995 年 7 月的一个晴朗的夜晚，艾伦·海尔（Alan Hale）在美国新墨西哥州的家中进行天文观测，在一个名为梅西耶 70 的星团中，他看到了一个本不该存在的微弱斑点。在美国亚利桑那州凤凰城附近，一位业余天文学家汤姆·波普（Tom Bopp）几乎在同一时间观测了同一个星团，也看到了同一个发光点。他们都意识到自己意外地看到了一颗彗星。这两人同时报告了他们的发现，因此这颗彗星是以他们两人的名字命名的。

两年后，海尔－波普彗星因其清晰、美丽和超乎想象的特质而成为北半球星空中的奇观之一。从它的速度和轨道来看，它来自太阳系

▶ 探测彗星的领域

在 20 世纪 70 年代发射的 4 台探测器现在已经进入了太阳系的外围，在那里有数百万颗尚未被观测到的彗星环绕着太阳飞行。探测器每年飞行 5 亿 ~6.5 亿千米，用了 10 年时间才到达冥王星和柯伊伯带附近。其中的一台探测器，先驱者 2 号已经停止工作。它于 1995 年 1 月，在地球与太阳距离的 42 倍、超过 64 亿万千米的地方结束了自己的使命。其他 3 台探测器，先驱者 10 号、旅行者 1 号和旅行者 2 号（右图），已经运行了超过 20 年。它们的旅途已经达到了地球与太阳距离的 55 倍，进入了彗星聚集的领域。科学家们通过计算由休眠彗星引力引起的轨道微小变化来获得彗星的数量信息。最终，所有的探测器都将朝着奥尔特云方向前进，那里有数十亿颗彗星，一直延伸到距离最近恒星的一半位置处。如果先驱者号和旅行者号能

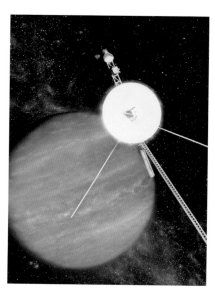

够在 2 000 年后幸存下来并进入奥尔特云，它们将变成一颗人造小行星。它们可能会毫发无损地继续它们的旅程，并最终在 65 000 年后离开奥尔特云和太阳系。

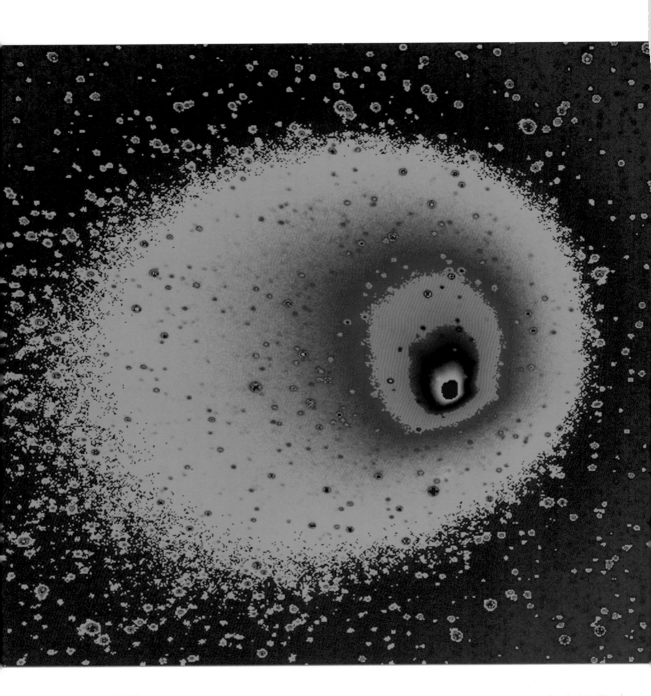

宇宙星尘：彗星、流星与小行星

的外部空间，即奥尔特云，但却不是在那里形成的。哈勃太空望远镜的观测显示，这颗彗星的喷发速度非常快——大约每秒喷出 9 吨水，在围绕太阳飞行的过程中，峰值可以增加到每秒 1 000 吨灰尘和 130 吨水。它的巨大体量——估计直径在 40 ~ 80 千米之间——保证它有足够用于高速喷发的原料。此外，它没有显示出氖迹特征，如果它形成于柯伊伯带的寒冷区域，氖迹就会存在。因此海尔 - 波普彗星可能是太阳系中较暖区域（如气态巨行星区域）的产物。某次偶然的与一颗巨行星的近距离交会使它加速，并以一个倾斜的角度将其甩入奥尔特云。它在那里游荡、休眠了数百万年后，才开始慢慢地向太阳的方向回落。

这段演化过程用了大约 2 000 年。海尔 - 波普彗星的轨道表明，它上一次飞越太阳是在 4 200 年前。只有当它接近木星轨道时，它才会短暂地爆发，然后再次消失在冰冷的黑暗中。

左页图：海尔 - 波普彗星是很多人一生中能在天空看到的最壮观的景象。1995 年，当接近木星轨道时，它喷发并形成了复杂的彗发结构。

右图·上：从地球上看海尔 - 波普彗星是一团模糊不清的光点。

右图·下：在 1997 年的几个月里，海尔 - 波普彗星的彗发和彗尾在北半球的夜空中非常耀眼。

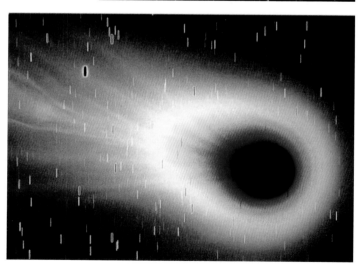

FROM MYTH
TO REALITY

从神话传说
到现实世界

3 从神话传说到现实世界

　　历史上，人类一直通过观星来寻求指引，而彗星作为最不可确定和令人费解的天体，一直是不吉利的象征。直到 17 世纪，当偏见和迷信被科学消除时，人们才渐渐对彗星有了一定了解。其中最著名的是哈雷彗星，以计算出其运行轨道并预测其回归周期的哈雷的名字命名。它是最早被拍下近距离照片的一颗彗星。根据两个世纪以来地面观测和 20 多年来空间探测的结果，人们已经能够描述彗星在亮度、稳定性和回归周期方面的不同，并将它们与小行星、流星和陨石等其他小天体相联系。所有彗星的寿命都是短暂的，它们注定要燃烧成尘埃，退化成惰性和暗淡的碎石块，或撞击在太阳或其他大行星上。

P50 图：一颗可能面临着陨灭的撞日彗星。它微弱而纤细的彗尾在太阳辐射压的作用下向远离太阳的方向延伸，而较重的粒子则形成流星雨。在近距离飞越太阳的过程中，彗星要么燃烧殆尽，要么被撕成碎片，很少彗星能够幸存下来。

被迷信主宰的世界

在古代，从古巴比伦到古罗马的哲学家都认为彗星象征着不祥。在最早的拉丁语中，灾难（disaster）是由"一颗星（aster）"造成的。有些人同意亚里士多德的意见，即彗星只是风暴、旱灾和寒冷天气的预兆。他强调彗星是地球释放的物质上升到了高空大气层并被月球运行所在的球面运动所点燃。彗星、风暴、潮汐和地震等恐怖自然现象的背后有着同样的气象学成因。

另一些人认为彗星和灾难之间有着更深刻和更可怕的联系。尽管亚里士多德认为彗星是一种自然现象，但随机性的出现和同样不可解释的消失让人们始终认为彗星是一种超自然的现象。公元 1 世纪的诗人和占星家马尼利乌斯（Manilius）指出邪恶的彗星造成了公元前 44 年尤利乌斯·凯撒被杀，以及随后的内战。那个时期，闪电、日食、火山爆发、海啸、洪水和地震等灾难频发，怪物现世，墓地不安，原始森林上方回荡着空洞的声响。

没有人对彗星是死亡和灾难的预兆这一观点产生怀疑。与马尼利乌斯同时代的政治家和智者塞涅卡称彗星是"某些事将要发生的标志"。公元 9 年和 11 年，奥古斯都皇帝[10] 试图通过禁止占卜者计算人剩余寿命来逃脱由彗星注定的厄运。

禁令没有起到任何作用。一颗血红色的彗星宣告了他在公元 14 年的被刺。一颗彗星的出现代表了不可预见的动荡和厄运，将会带来饥荒、叛乱、内战和国王之死。

上图：在这幅 1857 年的法国插图中，彗星女神正在到处散播破坏。希腊语"彗星"（kometes）的意思是"长头发的星"。

3　从神话传说到现实世界

53

灾难的标志

　　宗教教徒继承了先人们的恐惧和信仰，使这样的观点持续了 1 600 年。在 5 世纪，圣奥古斯丁时代的辛奈西斯（Synesius of Cyrene）写道，这些长着讨人厌的头发的邪恶星体，"预示着公众的灾难、国家的奴役、城市的毁灭、国王的死亡，没有温和的小事，每件事都是极大的灾难。" 10 世纪，随着千禧年的临近，贵族对土地的掠夺导致了法国部分地区的震荡和骚动，局势几乎到了革命的边缘。一颗彗星的出现加剧了人们对于《启示录》中预言成真的恐惧：1 000 年前被基督束缚的魔鬼重获自由，而基督将会再临，并在最后的末日战争中击败他。然而，在这次事件中，随着彗星的消失，人们的恐惧逐渐消退，千禧年并未引发巨大的骚乱。

　　不过 66 年之后，另一颗被英国僧侣和法国织工记录下来的彗星，似乎成为诺曼入侵的映照。征服者威廉的妻子、王后玛蒂尔达命人制作挂毯，以纪念威廉在黑斯廷斯战役中的胜利。在挂毯中，满怀敬畏的英国人手指天空，在哈罗德国王耳边悄声诉说他的厄运，同时幽灵般的诺曼船只也预示着他的失败。1314 年，法国国王菲利普四世因坠马而死，事件的起因是一只野猪伏击了国王的马，但一份有关国王死因的说明却显示"真正的"原因是一颗彗星。

16 世纪重复着这样的认知。当时马丁·路德引发的动荡使得欧洲骚动不安，但宗教人士看到的却是彗星预示的战争、瘟疫、革命和饥荒。

占星学这门伪科学应运而生。伟大的丹麦天文学家第谷·布拉赫（Tycho Brahe）认为，1577 年的彗星首次出现时"正值太阳落山"，因此它预示着丹麦西方的灾难。英国占星家威廉·利里（william lilly）向他轻信的同胞保证，由于 1678 年的彗星出现在金牛座附近，因此它将会影响俄罗斯、波兰、瑞典、挪威、西西里岛、阿尔及尔、洛林和罗马，但幸运的是不会影响英格兰。

彗星的出现逐渐变得政治化：英国内战（1642—1651）以及 1660 年重建王朝的动荡时期，成为占星家成长的沃土。在用所有的后见之明写作的小册子中，1664 年和 1665 年的彗星预示着大瘟疫、伦敦大火和英荷战争。

★ 最早的有关流星雨的记录出现在公元前 1809 年的中国，据说当时流星在午夜像雨一样坠落。

左页图：在贝叶挂毯中，英国人为哈雷彗星带来的恐惧所笼罩，它预示着 1066 年黑斯廷斯战役中英国将在法国手中战败。

上图：第谷·布拉赫在自己手绘的图册中演示了他有关行星轨道的理论。他对 1577 年那颗彗星的精密观测证明彗星是一种地外天体。

科学的出现

第谷·布拉赫本人尽管深信彗星是邪恶之象征，却为科学进步打开了方便之门。在16世纪，理论被以下这些古老的信仰所支配：行星运行在固定的"球体"上，恒星位于外部的球面上；宇宙完美无缺，不可变易；而彗星的运动如此自由和善变，因此它们必定是一种大气现象。第谷作为一个经济独立且自大的贵族，有能力资助自己的研究，这使得他成为整个时代里最出色的天文观测者。他的突破，同时也是使他声名鹊起的伟大成就之一出现在1572年。他记录下一颗新的恒星，也就是我们今天所谓的爆发的超新星。第谷能够证明这是一颗非常遥远的天体，而并非像亚里士多德所认为的那样是大气的产物，由此证明了天堂并非一成不变。

第谷在解释1577年出现的大彗星时得出了类似的结论。他在与该主题相关的著作中写道，这颗彗星的轨道至少有地月距离的3倍长。而且鉴于它在接近地球后又再次远离地球，它不可能在任何固定的球面上运行。他的证据和论证构成16世纪和17世纪人类对太阳系新的认知的一部分。

牛顿定律

然而，彗星的本质仍然是一个谜。科学家和普通人仍然把它们视为一种预兆。直到1682年，感谢英国天文学家埃德蒙·哈雷，他提出了对某颗彗星的更科学的认知。哈雷从孩童时代就对数学和天文学着迷，早在20多岁时就因一本星表的出版为自己赢得了声誉。他的父亲资助他在经济上取得独立，这造福了后世万代，因为正是他说服了艾萨克·牛顿发表万有引力理论，并为1687年《自然哲学的数学原理》一书的出版支付费用。3年前，牛顿已经提出了首个有关行星运动的统一理论，揭示了彗星和行星受到同样的规律的支配。《自

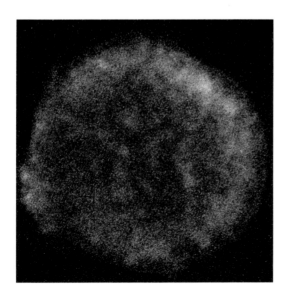

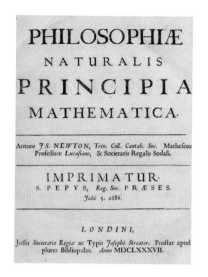

然哲学的数学原理》一书用严格的数学公式证明了这一规律适用于包括彗星在内的所有物质。

彗星，不但不像它们异常大的偏心率轨道表现得那样古怪，反而成了宇宙基本规律的终极证明。星象学家和占卜师不再继续将彗星看作厄运的预兆。秩序将回归天堂与人间。

1695年，哈雷接受了挑战。他仔细查看了过去关于彗星的记录并用它们来计算彗星的轨道。由于大多数观测者认为彗星是一种气象学现象，并没有费心记录它们相对于恒星的运动轨迹，因此哈雷没有获得太多有价值的记录。此外，古老的信仰认为彗星只会出现一次，根

上图：埃德蒙·哈雷不仅发现了以他的名字命名的哈雷彗星，还对艾萨克·牛顿《自然哲学的数学原理》一书的出版（见右上图）给予了支持。哈雷彗星的轨道运动规律为其中的引力理论提供了充分的证明。

左页图：第谷在1572年发现的第谷星，现在已知是一颗超新星的残骸。这颗超新星大约1万年前爆发产生了这些残骸。

据这些记录很难分辨具有"开放式"的抛物线轨道的彗星，以及具有椭圆形轨道的回归性的彗星。最终，一些记录开始显露出意义。关于在1531年、1607年和1682年出现的彗星的3组观察记录，几乎是完全一致的。由此，正如英国皇家学会的记录，"哈雷推断有很大可能，尽管不敢断定，这些记录指向的是同一颗彗星，它的运行周期大约是75年。"正如他在1705年的《彗星概要》一书中所述："我敢于预言，这颗彗星将在1758年再次返回。"

哈雷的研究是首个基于牛顿运动定律的预测。哈雷本人于1742年去世，享年86岁。随着哈雷预言的回归日期的临近，"彗星狂热"

蔓延开来。卫理公会牧师约翰·韦斯利（John Wesley）指出这颗彗星将点燃地球。在美国，哈佛大学数学和自然哲学教授约翰·温斯罗普（John Winthrop）赞同《启示录》中的观点，即某颗彗星的彗尾可能使地球上洪水泛滥，引发又一场大洪水。

让天文学家感到兴奋的另有原因。历史记录显示出哈雷彗星轨道的一些微小变化。它的轨道周期呈现出一年甚至更大的差异，这取决于哪一颗大行星会影响它的运行。因此，根据其返回日期的不同，哈雷彗星将证明或证伪牛顿定律。法国数学家亚历克西斯·克莱劳特（Alexis Clairaut）经过疯狂的计算后预测这

左图：根据哈雷彗星轨道的记录能够证明在16世纪绘画中被描绘的出现于1531年的那颗彗星与哈雷在1682年看到的彗星是同一颗。

宇宙星尘：彗星、流星与小行星

右图：1301年乔托看到的哈雷彗星被他当作伯利恒之星，画在《麦琪的礼拜》（1304年）这一画作中。这是对彗星象征意义的非常罕见的运用，彗星往往被视为预示着毁灭而不是救赎。

颗彗星将在1759年4月中旬到达近日点。一个名叫格奥尔格·帕利奇（Georg Palitzach）的德国天文爱好者在1758年圣诞节观测到了这颗彗星，与预期几乎完美吻合，哈雷彗星在3月13日经过了近日点。基于长达150年的观测结果计算出的哈雷彗星的回归时间被精确限制在一个月内，这是对牛顿运动定律的完美证明。

在这之后，计算哈雷彗星再次出现以及以往出现的时间都变得简单。追溯历史，哈雷彗星曾于1456年造访，令围攻贝尔格莱德的奥斯曼土耳其人感到恐慌；于1301年的莅临，使得当时的意大利画家乔托把它当作伯利恒之星，画入《麦琪的礼拜》。事实上，哈雷彗星以往的30次造访似乎都被人们注意到了，最早的一次记录出现在公元前240年的中国。它在1066年出现时呈现出了壮观景象，正如贝叶挂毯记录的那样。然而，这不是哈罗德国王失败的预兆，而恰好无意中证明了天体运转符合牛顿运动定律，跟战争无关。

哈雷彗星的特写

紧随哈雷之后出现的伟大的彗星猎人是法国天文学家查尔斯·梅西耶（Charles Messier）。他的名气很大一部分来源于他所绘制的一份包含 103 个星云（或星系）的名录[11]，其中许多星系现在被看作是银河系的姐妹星系。目前这些星系的官方命名仍然在沿用梅西耶的名字，通常只使用首字母 M。离我们最近的星系、仙女座的大螺旋星云，被命名为梅西耶 31（M31）。但他投入最多精力研究的仍是彗星，他发现了 21 颗彗星，路易十五因此给他起了个绰号叫"彗星的搜寻者"。

梅西耶的衣钵由他的同胞让·路易斯·庞斯（Jean-Louis Pons）继承。他作为看管员在马赛天文台开始了专业研究，努力工作成为天文台台长，最终在佛罗伦萨博物馆天文台结束了他的职业生涯。庞斯发现了 36 颗或 37 颗彗星（因引用文献不同而略有差异），比历史上任何人的发现都多。其中一颗彗星在

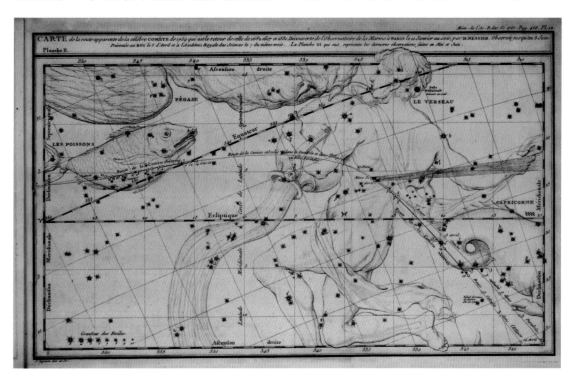

左页图："彗星的搜寻者"查尔斯·梅西耶在 1759 年初制作的、记录哈雷彗星通过双鱼座和处女座的轨迹的图表。

右图：哈雷彗星 1910 年回归时的景象十分壮观。这是被一位在埃及哈勒旺的摄影师记录下来的画面。

1818 年以计算其轨道的哥廷根的约翰·恩克（Johann Encke）的名字命名。恩克彗星引起了科学家的极大兴趣，因为它围绕太阳运动的轨道周期只有 3.3 年，是距离太阳最近的大彗星之一。追溯历史，庞斯惊讶地发现，他在 1805 年曾看到过这颗彗星，但那时他并不知道它的回归周期。

消失的彗星

在接下来的一个半世纪里，数百颗彗星被观测并记录在案，在某些年份中这样的记录甚至可以达到十几份。天文学家们对彗星的一般特点达成了共识：较小的质量、不太坚实的彗核和更加稀薄的、在太阳辐射作用下产生的由气体和尘埃组成的彗尾。一位 19 世纪的科学

史学家称，彗星就像"从烟囱里升起的烟雾"一样。按这样来看，彗星最终会燃烧殆尽。

在 1826 年以发现者奥地利军官威廉·冯·比埃拉（Wilhelm von Biela）的名字命名的彗星的演变以戏剧性的方式证明了这一理论的正确性（事实上，这颗彗星在此前被观测到过很多次，可能早在 1772 年就被发现，但没有人知道那是同一颗反复回归的彗星）。自从知道它的回归周期是 6.75 年，天文学家便开始小心地追踪它的轨迹。1845 年，它一分为二，让天文观测者感到震惊。分裂后的双子彗星于 1852 年再次出现。1858 年时的观测条件不佳，但天文学家热切期待着能在 1866 年再次观测到双子彗星，当时它应按照预定的周期飞临地球。但是他们什么也没有看

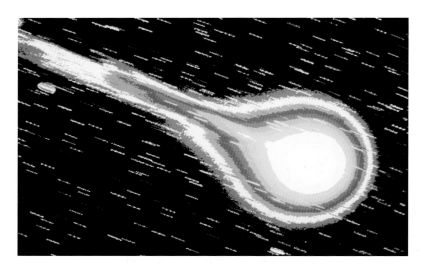

左图：计算机生成的哈雷彗星的彩色图像，其中彗核在受热后释放气体和尘埃。

右页图·左：1986 年 3 月乔托号飞船拍摄到的哈雷彗星中直径为 16 千米的彗核。

右页图·右：一张自飞船上拍摄的哈雷彗星的伪彩图像呈现了一个中性氢原子云团，范围可延伸至数千万千米。

到。这颗彗星消失了。1872 年，它仍然没有出现，但出现了一场壮观的流星雨，流星像烟火一样布满了欧洲的夜空。流星因坠落得太快，而无法被统计。这个壮观的景象显然是由比埃拉彗星的残余物质引起的，这足以证明流星大多是彗星彗尾中的星尘。

到 1900 年，人们已经清楚地知道彗尾与火箭尾部的火焰不同。太阳辐射从彗核中剥离出一层稀薄的星尘并将它们向"下风处"吹去。因此，当彗星绕太阳远离近日点而进入外太阳系时，它的"尾巴"在太阳风的推动下转到了彗核之前。当彗星距离太阳足够远时，它的一切活动都停止了。它进入休眠状态，直至下一次的回归。

关于彗星，人们还有许多未解的谜团，它是由什么组成的？彗尾形成的机制是什么？彗星从何而来？它们将变成什么样子？如果它们距离地球足够近，以至于地球在其彗尾中穿过的话，它们是否会撞击地球，而撞击的后果又是什么？

一颗"脏雪球"

人类对这些星际流浪者的了解大多是从哈雷彗星那里获得的，因为没有任何其他彗星被这样详细地研究过。对天文学家来说，哈雷彗星具有如下优势：它体积很大，恰好处于适合地面观测研究的位置，引人注目，最重要的是，它的回归周期比较稳定；此外，不同寻常的是，它处于一个与地球和其他行星方向相反的、绕太阳运行的"逆行"轨道上。1986 年，哈雷

宇宙星尘：彗星、流星与小行星

彗星的回归为来自日本、苏联和欧盟的空间探测器组成的探测编队（美国国会拒绝为美国的飞行探测提供资金）进行近距离探测提供了一个绝佳的机会。

欧洲航天局以曾经记录过哈雷彗星的中世纪意大利艺术家乔托的名字命名的乔托号飞船，在距哈雷彗星彗核 600 千米的距离处对它进行了飞越探测。在此之前，天文学家预测哈雷彗星具有一个明亮的、直径大约 5 千米的球形彗核。令他们感到惊讶的是，乔托号拍摄到一个形状不规则的、像煤炭一样黑的、花生形状的彗核，尺寸大约为 8×16 千米，上有一座隆起的小山和几个陨石坑，多处可见气体喷流。这些气体源于彗核表层下的冰层，而这个表面是一层薄薄的、灰尘状物质（实际上是碳）的

硬壳。惠普尔会非常高兴：它其实是一个非常脏的雪球（见本书第 18 页）。彗星在为期大约 5 天的时间里呈现出复杂的运动状态，旋转与翻滚，像自动烤架上的香肠一样暴露在太阳的辐射中。随着日心距的减小，彗核自转与太阳辐射共同使彗核具有了一定的活动性。当气体的喷发孔的位置转入阴影中时，碳质的硬壳得以恢复并封死了喷射口，而受到阳光照射的一侧的喷射口则会随着地下冰层的升温和膨胀喷出气体。气体和被喷发带起的尘埃形成了彗星周围的彗发和长长的发光的彗尾。乔托号飞船还发现哈雷彗星的彗尾含有一些令人惊讶的复杂化合物质，如硫和碳化合物等构成生命的基本物质，这证明地球有着与彗星类似的起源。

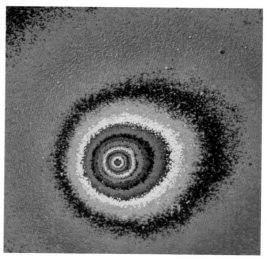

哈雷彗星轨道

这些信息大致勾勒了哈雷彗星的演化历史。与大多数极少穿越地球轨道的彗星不同，哈雷彗星轨道的近日点大约为 8 700 万千米，处于水星和金星的轨道之间。这样近的近日点使它比大多数彗星受到更多的太阳辐射，以及更可观的物质损失。哈雷彗星在每一个轨道周期会损失大约 1 亿吨的物质，相当于 1.8 ~ 2.0 米厚的表层。在 76 年的轨道周期里，它只在近日点前后的略大于一年的时间里产生质量损失，但这样的损失不可能永远持续。哈雷彗星已经绕太阳运行了 175 000 年，通过近日点 2 300 次，太阳辐射使它的半径从原来的 32 千米减到了一半，它的生命已经走向中点。如果之后不会出现撞击或者因近距离飞越大行星而产生轨道迁移，哈雷彗星在目前轨道上还会再绕行 2 500 个回归周期，持续 187 000 年。它之后的命运将会怎样？要么变成为一块惰性的石块，要么蒸发殆尽。

哈雷彗星散发出的尘埃和气体流又会怎样呢？一位如此重要的访客所带来的坠落物当然

左页图：一颗彗星接近地球时从它自身的视角呈现的景象。在太阳的辐射之下，彗星冰冷的富含碳的表面向外释放出气体。

右图·左：哈雷彗星的公转方向与地球相反。图中显示了哈雷彗星在 1910—2010 年的轨道所处位置。

右图·右：以恒星为背景、从地球上用长曝光对哈雷彗星进行拍摄的一张照片，它说明用光学望远镜对彗星进行分析非常难。

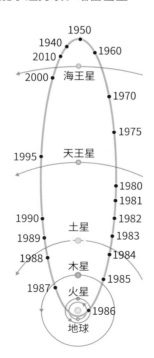

应该让地球上的流星观测者看到一幅壮观的景象。奇怪的是，事情并非如此，并且人类花了一个多世纪的时间才明白其中的原因。这个答案在很大程度上解释了彗星的路径，以及它们如何与地球相互作用。

人们用了 120 年的时间才给出哈雷彗星与两场流星雨之间联系的解释。故事始于 1863 年，当时美国天文学家休伯特·牛顿（Hubert Newton）根据古代记录推定有一场流星雨大致会发生在 4 月下旬或 5 月初。7 年后，他的提议被证明是正确的。据观测显示，这场流星雨似乎源于水瓶座一颗恒星（η 61544）周围的天空区域（符号 η 即希腊字母爱塔 "eta"）。与此同时，伟大的天文学家威廉·赫歇尔爵士（Sir William Herschel）的孙子亚历山大·赫

歇尔（Alexander Herschel）也指出在 10 月份可以看到另一场流星雨，它似乎是从猎户座喷发出来的。赫歇尔并不认为哈雷彗星是猎户座流星雨的源头，但确实认为哈雷彗星促成了水瓶座流星雨，即恒星 η 61544 附近的流星雨。这一理论在 1886 年得到了证实。直到 1911 年，人们才开始意识到这两场流星雨似乎来自同一个源头。人们需要用更复杂的技术来证明这一点，以及为什么哈雷彗星没有产生对地球大气更大的影响。

首先，天文学家发现，这两场流星雨的粒子进入大气层的速度几乎比其他任何流星雨的粒子都要快——每秒可达 65 千米。这符合逻辑。哈雷彗星的逆行轨道使得彗尾中的尘埃粒子迎面撞向地球，成为流星。但是它们为什么

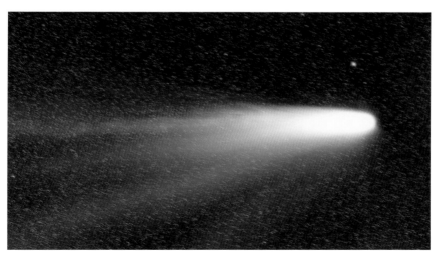

左图：澳大利亚天文台拍摄到带有一条"成熟"彗尾的哈雷彗星。

右页图：一张对哈雷彗星的早期拍摄显示，它的尾巴没有在太阳的热辐射作用下充分形成。

宇宙星尘：彗星、流星与小行星

这么微弱呢？答案在 1986 年浮出水面，当时哈雷彗星刚刚擦过地球，但这两场流星雨仍然并不明显。显然，地球并没有精确地穿越哈雷彗星的轨道。可是，彗星、彗尾和流星雨之间的关系是怎样的呢？答案是，彗尾并不是一个坚实的物体，它是由一些位于其各自轨道上的粒子组成的，其中每个粒子都受到太阳风的压力。它们像薄纱一样飘移和向四处散开。当哈雷彗星绕着太阳运行时，它的彗尾并不直接与地球的轨道相交。不过，几个世纪以来，它逐渐扩散开来——也只有在到了这时，它的模糊的边缘才会在两个地方（或节点）上与地球的轨道路径相交。然后其中的一些粒子冲入大气层，成为水瓶座流星雨（4 月至 5 月）或猎户座流星雨（10 月）。形成流星雨的星尘是几个世纪前被释放出来的，而哈雷彗星在 1986 年回归时产生的星尘还需要更多的几个世纪才能成为地球上看得到的流星雨。直至哈雷彗星自身消失后的几个世纪，这些流星雨仍将照亮地球的天空。

▶ 彗星和生命的起源

20 世纪 60 年代，天文学家重点跟踪了一系列在行星际和星际空间物质反应中产生的化学物质。他们跟踪了 40 种左右的分子，包括碳、氨、甲醛和甲酸等。此外，他们还在陨石中发现了氨基酸。英国天文学家弗雷德·霍伊尔爵士（Sir Fred Hoyle）提出，生命的基本物质可能是由彗星带到了地球，并触发了进化。这一想法让许多科学家感到不可思议，但乔托号空间探测器（见右图）在哈雷彗星的彗核上发现了复杂的有机物质。进而，美国宇航局的一个研究小组将类似彗星组成成分的气体置于大约 8 000 摄氏度的温度下，

模拟彗星撞击地球大气层时产生的热量。一些分子幸存下来，甚至合成了新的化合物，包括水、二氧化碳、甲烷、氮和硫化氢。如果能够积累更多证据，霍伊尔的理论就有可能成为主流观点。

彗尾和流星雨

迄今为止，人类已记录了约1000颗彗星。与几十亿未被发现的、漫游中的彗星相比，这当然只是一个很小的样本，但已经足够让天文学家对彗星形成统一的认识，解释所有主要的问题：彗星如何在奥尔特云和柯伊伯带中生成，它们的轨道、生命周期，以及它们生成彗尾从而导致流星雨的机制。

按照天文学的时间尺度，彗星的寿命转瞬即逝。一旦进入围绕太阳运行的轨道，它们就将融化、消逝、蒸发，最终在一系列活动中彻底消失。一些彗星将会喷发出气态的彗尾，直到燃料耗尽，然后退化成为不具有活动性的小行星。一些彗星在燃烧的过程中将自己炸成碎片。另一些彗星则受到太阳或某个大行星的引力作用而被撕裂。在大多数情况下，喷发是一种稳定的过程，至少在彗星穿越行星际空间时是如此。这个过程在彗星接近太阳时会增强，随着彗星远离太阳，活动将再次减弱。有些彗星偶尔也会形成强烈的喷发，像火山在没有预警情况下突然的爆发，从而将它们的亮度增加至千余倍。目前人们还不能完全确定为什么一些彗星会闪耀（就像施瓦斯曼－瓦赫曼彗星那样，见本书第39页）。一个可能的原因是它正与其他行星际小天体进行碰撞。毕竟，许多小

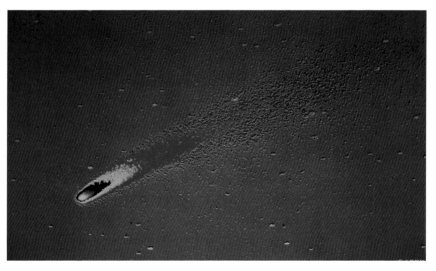

左图：1970年拍摄的贝内特彗星伪彩图像用5个温区揭示了它的结构——彗核、彗发、尘埃尾、等离子体尾。

宇宙星尘：彗星、流星与小行星

左图：2000 年，昏暗而遥远的林尼尔彗星突然呈现出它的不稳定性，爆飞了它的一部分外壳。这些照片是在 7 月 5 日至 7 日这 3 天时间里拍摄的。

行星上都有撞击的疤痕，而且哈雷彗星也有几个陨石坑。如果一次撞击不能摧毁一颗彗星，那么它很可能会引发强烈的喷发活动。

不是一条，而是两条彗尾

从彗星表面喷射出来的彗尾有复杂的构成。喷发产生由尘埃和气体构成的微弱光环，人们称之为彗发。正如天文理论的总结和乔托号探测器对哈雷彗星的探测结果所证实的那样，太阳辐射和太阳风中带电粒子流将星尘从彗星微弱的引力场中吹出，并使其顺风扩散，形成远离太阳的尘埃尾。

但是，彗星还有另一种类型的尾巴，只有在彗核接近太阳时才出现。强烈的太阳辐射从一部分气体中剥离电子，并将它们转化为离子，形成与太阳磁场相互作用的等离子体。这就形成了第二种彗尾——等离子体彗尾，电离原子在紫外线作用下发出一种诡异的蓝光。这条尾巴也同样指向远离太阳的方向，而且是直接指向太阳与彗星的连线方向。

当然，形成流星的星尘粒子是从彗尾中来的。人类目前已经对流星雨本身开展了专项研究，其中包括建立母体星尘流的轨道，在有可能的条件下，还会计算出它们演化的历史。在欧洲，人们最偏爱的是英仙座流星雨，这个命名是由于它似乎起源于英仙座。每年 8 月，英仙座流星雨都会在夏季的夜空中闪烁，给度假的游客带来惊喜。如同彗星一样，英仙座流星

⭐ 有记录以来最大的流星雨是 1833 年 11 月 12 日在美国和加拿大观测到的狮子座"流星风暴"，流星出现的频率被估计为约每小时 30 000 颗，这个频率持续了 7 小时。

雨也可以追溯到久远的古代记录。我们现在知道，英仙座流星雨最早的活动记录是在遥远的公元 36 年。

天文学家的谜题

在每年的 21 场流星雨中，有两场流星雨仍然是不可解释的谜团。其中，象限仪座流星雨在 1825 年 1 月首次引起天文学家的注意。当时意大利天文学家安东尼奥·布鲁卡拉西（Antonio Brucalassi）以一个已经废弃的星座——象限仪座（壁式象限仪）为之命名。1922 年，官方接受了目前使用的全天 88 个星座，而该星座被从过度拥挤的星图中移除了。有关它的详细记录是在 19 世纪 60 年代才开始的，因为象限仪座流星雨对于观测是一种挑战。这场流星雨只有在北半球才能看到，它在 1 月 3 日至 4 日午夜后达到高峰，流星以每小时 100 颗至 190 颗的频率坠落。它们的亮度非常微弱，并且人们很难确定它们的发源地。对于任何一个愿意忍受冰冷长夜进行观测的天文学家来说，这就像在大风中计算雨滴数量一样。象限仪座流星雨的母体气流显然非常古老，

左图：对航天员来说，一颗具有星尘和等离子体彗尾的彗星在经过地球和月球时看上去就是这样的。

左图：在 1996 年，百武彗星在距离地球非常近、大约 1 500 万千米的地方，展现出了壮观的景象。

右页图：1965 年，池谷-关彗星（Ikeya-Seki）是第一颗被红外望远镜测量到温度的彗星。

并且范围发散，而且人们也找不到母体彗星的踪迹。天文学家猜测这颗彗星大约在 1 500 年前就崩裂了，只留下了象限仪座流星雨和另外一个谜题——7 月份出现的水瓶座流星雨，后者来自水瓶座中恒星 δ（delta）61540 附近的"发光点"。如果事实确实如此的话，这两场流星雨预示着所有在轨道上运转到最后一刻的彗星的命运。它们留下的只是这些散射的尘埃，然后最终什么也不会留下。再过三四个世纪，象限仪座流星雨将会消失。

可见和不可见的彗星

从地球上看，每一颗彗星都有自己的特性。

每个世纪都会出现三到四颗彗星，它们如此明亮，人们在白天就能够用肉眼观测。其中一颗出现在 1910 年 1 月 12 日，人们在约翰内斯堡黎明前夕的天空中发现了它。接下来的一周，整个北欧看到了著名的白日彗星。最近出现的一颗白日彗星是 1976 年的西部彗星。这颗彗星将不会再次回归：在到达近日点的一周后，它分裂成 4 个独立的碎块。

地球上的观测者一般认为彗星是罕见的，但实际上，从未被观测到过的彗星的数量远远超过那些可见的彗星；只是前者发出的光都被太阳的光芒所掩盖了，只有特殊的情况和专门的技术才能让它们显现出来。1948 年从肯尼

宇宙星尘：彗星、流星与小行星

亚首都内罗毕看到的日食显示，有一颗彗星位于日轮的边缘处。一个星期以后离开太阳足够远的时候，这颗彗星可以被肉眼观测到，而日食时的观测是这颗彗星第一次出现在人们的视野中，它因此有个绰号叫作"日食彗星"。19世纪，人们曾看到另外 3 颗在靠近太阳的彗星，这激发了德国天文学家海因里希·克鲁茨（Heinrich Kreutz）的灵感，认为它们是一颗体量大得多的彗星碎裂后的残余物质。

最近，配备了具有遮挡日轮功能的摄像机的卫星发现了由这类彗星组成的一个全新集群，这些彗星要么在距太阳只有 800 万千米或更短的距离上快速地绕日环行，要么直接撞入太阳。人类已经发现大约 75 颗近日彗星。它们的体积都很小，而且很少能在与太阳的近距离接触中幸存下来，要么在强烈的太阳引力和热辐射的作用下碎裂、瓦解，要么被完全气化。这么多彗星以这样近的距离接近太阳，这看上去像一个不同寻常的巧合，又或许它根本不是一个巧合。也许，正如克鲁茨所建议的，它们本是一个族群，是一个巨大的母体彗星在连续靠近太阳的过程中发生碎裂而留下的微小残余。有关克鲁茨族群彗星的真相仍有待更进一步的探查。

TARGET
EARTH

撞击地球

4 撞击地球

　　电影大片和严肃的天文学家经常提醒我们，人类居住在一个射击场中。从长远来看，我们的命运掌握在这些四处漫游的小行星和彗星手中。小天体的撞击可能直接影响或在不久的将来影响我们生存的这种想法，最近被认为不仅仅只是幻想。如今，将彗星视为灾难预兆的古代信仰似乎成了对事实的陈述，而不再仅仅是一种迷信。新的研究表明，彗星可能至少曾5次对人类历史产生了关键影响。与此同时，人类每天都在发现新的小行星，其中许多小行星的轨道与地球的轨道相交。预言人类乃至世界末日的灾难论，或许更多的只是虚构小说的素材，而不是眼前的现实，但一些小规模的灾难必将出现，这一认识吸引了研究人员和决策者的注意力。

P74 图：在艺术家对彗星的想象中，它在向地球漂移，冰封的地表在太阳辐射的作用下形成了猛烈的喷发。

愈加有力的证据

1908 年 6 月 30 日清晨，在西伯利亚中部安加拉河畔，一名俄罗斯农民在饭后坐在他的犁旁休息，这时突然听到一声巨响。"我听到突如其来的爆炸声，好像是火枪的声音。"他回忆道，"我的马跪倒在地。从北面森林的上方，窜起一团火焰。然后我看到冷杉林被风吹弯了腰，我想到这可能是一场飓风。我用双手抓住我的犁，以免它被刮走。风很大，卷起不少土块，然后又在安加拉河上方掀起一堵水墙。"

爆炸发生在农夫所在地以北 200 千米处的通古斯河上方。圣彼得堡、柏林、波茨坦和伦敦等地的气象站都监测到了这次爆炸，因为一天之后，各地再一次出现了气压变化：通古斯事件的余波已经从另一个方向传遍了全世界。在这个偏远地区旅行非常困难，科学家们花了几乎 20 年的时间才开始着手调查。1927 年，当他们前往爆炸地点时，他们看到的是一幅残破的场景。尽管没有陨石坑，但是在一个直径大约 32 千米的圆圈中，树木几乎全被击倒，而且都是从爆炸的中心向外倾倒。

多年来，这个撞击事件一直是个谜。一个明显的可能性是这个撞击物是一颗流星。但为什么找不到陨石坑呢？为什么它会在高空中爆

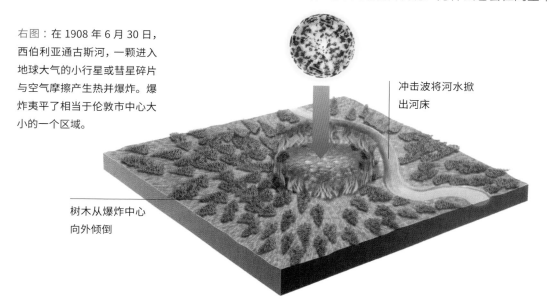

右图：在 1908 年 6 月 30 日，西伯利亚通古斯河，一颗进入地球大气的小行星或彗星碎片与空气摩擦产生热并爆炸。爆炸夷平了相当于伦敦市中心大小的一个区域。

冲击波将河水掀出河床

树木从爆炸中心向外倾倒

炸？多年来，由于缺乏确凿的证据，人们进行了各种疯狂的猜测，有人甚至认为它是由一艘外星飞船爆炸引起的。现在科学家们确信，这一事件是由一颗直径为 50 ～ 60 米，重量约为 10 万吨的小行星以每秒 30 千米的速度撞击地球造成的。这颗小行星运行在一个扁平的轨道上，只要在另一个方向上移行几千米，它就可能与地球擦肩而过。但事实上，它在通过厚重的大气层时被加热得如此之快，以至于热量无法扩散。这颗小行星在大约 10 千米处的高空爆炸，释放出了估计为 1 500 万吨 TNT 炸药的能量——约为 1945 年夷平广岛的核弹释放的能量的 1 000 倍。如果它爆炸在一个人口聚集的中心上方，它将会造成数百万人的死亡。

灾难论和统一论

这次爆炸发生在如此偏远的地区，因此它对科学思考的直接影响几乎为零。当时，天文学家和地球科学家持有一种令人宽慰的观念，即地球及其生命形式处于稳定而庄严的进化之中，从简单迈向复杂，从原始走向先进。这种观念源于两种已为人们广泛接受的革命性观点：牛顿的万有引力理论和达尔文的进化论。虽然两种学说相隔 3 个世纪之久，但它们都有助于强化这样一种观念，即宇宙和生命的进化只受到有序过程的支配。灾难似乎让人回想起

前科学时代的迷信，如大洪水和种种神迹。"灾难论"被淘汰了，"统一论"随之出现。

从 20 世纪中叶开始，多个研究领域，特别是地球科学和天文学领域，提出了更多证据，灾难论改头换面再次出现在人们的视野当中。在地球科学领域，古生物学家对两个长期存在的问题感到困惑。卡鲁沙漠是一个很好的了解和学习第一个问题的地方，这是一片满眼都是灌木、草、岩石和沙子的南非沙漠。在这里，汽车行驶在从开普敦到约翰内斯堡的唯一的公路上，羚羊从车旁飞奔而去，地球自大约 4 亿年前的历史都书写在这些最初沉积在海底、现在以奇怪的角度伸展着的砂岩和页岩之上。马尾草、苔藓和蕨类植物的印迹显示出这些最原始的植物曾如何征服这片光裸的土地。然

右图：在德国前拉斐尔派画家朱利叶斯·施诺尔·冯·卡洛斯费尔德（Julius Schnorr von Carolsfeld）的绘画中，大洪水一类的灾难，在整个 19 世纪的信徒之中仍是信仰一般的存在。当科学击溃信仰时，灾难从主流观点中消失了。现在它们又回到了议程上。

左页图：新信仰的先知查尔斯·达尔文断言，人类起源的关键在于自然选择的力量在亿万年来的持续作用。他的理论并没有考虑灾难性的事件。

后，在较高的地层中，出现了相当多种类的两栖动物和原始哺乳动物。大约 2.7 亿年前，在二叠纪时期早期，各个物种竞相开发新开放的生态位。食草动物及其捕食者的体量和体形都有扩张，大约 2 000 万年的进化过程改变了它们的体量、速度、牙齿、防御手段、视力和爪子。但是，大约在 2.5 亿年前，进化的过程中止了，该地区几乎一半的物种似乎出现了同时的灭绝。在持续了约 500 万年的二叠纪终曲中，新的物种进化取代了它们。最终整个世界似乎陷入了沉寂，出现了大规模的灭亡：地质学家称之为"古生代"，从小型海洋生物到原

★《启示录》似乎记录了一次与彗星的亲密相遇："有一颗大星从天上落下来……因水变苦，就死了许多人。"

始哺乳动物的 3 亿年的进化过程结束了。海中近 90% 的无脊椎物种，包括几乎所有的珊瑚、腕足类和海绵，消失了。在数百万年的时间里一直担任海洋拾荒者的三叶虫彻底绝迹。鱼类、蜗牛和蛤蜊中的大多数分科也消失了。

随之而来的生命复兴塑造了自 19 世纪初首次被发现以来、其体量和多样性就一直主导着人类想象力的生物。恐龙及其亲属分离出许多亚种，正如哺乳动物后来所做的那样，从空中和海洋统治了地球 1.4 亿年。在陆地上，开花的植物首次出现，并进化出现有植物 80%

以上的种类，昆虫开始繁衍。在海洋中，长有室状细胞的自由漂浮的软体动物自成一体，进化出 1 000 多个分属。

到了大约 6 500 万年前的白垩纪晚期，动植物群落几乎已经和当今世界一样丰富，事实上，恐龙似乎正在发展出一定的智力。直立的生物物种进化出几乎和人手一样灵活的前爪，以及一种随着时间的推移，可能会进化得与人类略有不同的站姿。鼩鼱类的哺乳动物开始了进化，但仍然被囿于树丛或地洞等有限的生存空间里，直到进化的浪潮转向对它们有利的一

左图：大约 6 500 万年前，一只雷龙注视着将使它和它所有活着的同类灭绝的彗星。

右页图：水星的表面看起来如月球的表面一样布满撞击的痕迹。如果地质活动和大气没有稳步地重建表面地形的话，地球看起来也会是这样的。

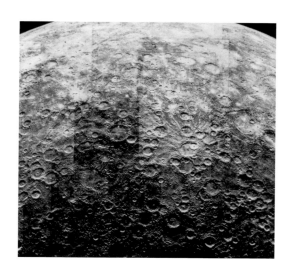

方。当恐龙突然出现灾难性的灭绝时，它们的机会来临了。

撞击理论

几乎在整个 20 世纪，科学家们都对进化史上这两次大停滞感到困惑。它们是什么原因导致的？除了极少数的科学怪杰，几乎没有人考虑过灾难性的撞击。现在所谓的星际爆炸的确凿证据在过去根本不被承认。月球上的陨石坑？它们可能是火山岩。其他卫星上的陨石坑尚没有被近距离地观测到。没有人见到过某颗彗星或小行星与其他天体的碰撞。那么地球上的陨石坑呢，这可以说是无可辩驳的证据了吧？的确，美国亚利桑那州有一个令人印象深刻的流星陨石坑，但即使在 20 世纪中期，仍

有人认为其实它是火山岩。他们的理由是在这里并没有发现陨石的存在。

20 世纪 70 年代末，答案逐渐显露出来。美国的登月行动带回了经压缩的月表岩石，证明月球的陨石坑是由撞击造成的。1974—1975 年，水手号探测器对水星的探测，以及后来探索外太阳系的卫星的发现，表明陨石坑非常普遍。

终于，科学家们开始认识到地球不可能独善其身。对亚利桑那州陨石坑的研究表明，大约 50 000 年前撞击地球的入侵流星在撞击时被气化，更古老的和更大的陨石坑则有可能因为风化、大陆漂移、造山运动等过程受到侵蚀。目前被人类发现的已有 150 多个陨石坑，而热带雨林的巨树和极地冰层下一定埋藏着数千个陨石坑，已经被侵蚀得不留痕迹的陨石坑的数量可能要多上许多倍，更不用说那些被海洋吞没的小行星了。几乎所有的陨石坑都形成于 2 亿年之内，这表明它们只占实际撞击的很少一部分。针对这一时期的任何数字都必须乘以 10 倍。

1980 年，路易斯和沃尔特·阿尔瓦雷斯（Luis and Walter Alvarez）为这个理论提供了证据。这个父子团队宣布在意大利古比奥附近发现了一个奇特的黏土层，其历史可以追溯到恐龙灭绝时期，其中富含稀有元素铱。根据

地球演化模型，铱元素应该集中在地核区域和原始地球的原材料——小行星中，尤其是某种特定类型的碳质小行星中。阿尔瓦雷斯父子认为，唯一可能形成以这样方式集中存在的铱元素的条件是地球在 6 500 万年前曾被一个巨大的流星击中，恐龙也因此而灭绝。

阿尔瓦雷斯父子的想法的公布引起了一场争议。但随着西班牙南部、丹麦、新西兰发现新的"铱元素层"，到 1980 年代中期，总计有 50 多个地点发现了铱元素层，人们逐渐接受了这一观点。这进一步证明了灾难性撞击的存在。在西班牙南部，微小的富含铱元素的球状岩石似乎曾从地球上被炸飞到太空，又从那里坠落回来。在年代相近的其他铱元素层中，人们发现了精细的煤烟颗粒，这显然是全球森林大火的证据。随后，在 1990 年，无可辩驳的证据终于出现了。

上图：在意大利古比奥附近露出地表的岩层上，一枚"硬币"标示着白垩世末期与其后的第三纪的岩层的分界。

右页图：计算机模拟重建的希克苏鲁伯直径 180 千米的双环陨石坑足以覆盖今天的尤卡坦半岛海岸。

▶ 风险评估的标准

10 分为满分的都灵标准被用于评估小行星或彗星可能造成的危险。这套标准是由麻省理工学院的理查德·宾泽尔（Richard Binzel）教授创建的，并于 1999 年在意大利都灵举行的近地天体国际会议上获得通过。该标准评估天体的大小和碰撞概率，分值从 1（较小的天体，碰撞的可能性很小）到 10（较大的天体，可能引发全球灾难）。到目前为止，还没有任何小行星或彗星有资格获得该标准中的评级。

宇宙星尘：彗星、流星与小行星

引力场的异常显示在尤卡坦半岛海岸上有陨石坑存在，它被深埋在相对晚形成的沉积层下。事实上，陨石坑的首次发现可以追溯到 20 世纪 40 年代墨西哥国家石油公司在小镇希克苏鲁伯附近开始钻探。这个故事如同科学进步史上经常发生的那样，只有在积累了足够多的其他研究结果来作为基础的情况下，新的证据才具有一定意义。

现在，科学家们终于能够解释发生了什么。一个径长 10 千米大小的小行星撞击上地球，撞击出一个直径至少有 180 千米宽的陨坑，给整个地球造成了灾难性的影响。如此体量以每小时 40 000 千米的速度运行的小行星可以释放出人类核武库总能量的 10 000 倍。被酸雨污染的海水深达 90 米，高达 300 米的海啸横扫当时大西洋的雏形。流星残体在轨道上发生爆炸，溅出的火球点燃世界各地的森林。尘埃遮天蔽日，包裹了整个地球。一系列的灾难使地球上所有的大型动物以及一大半小型动物走向了灭亡。

运行的终点

如果存在一次撞击，那么其他的撞击当然也是存在的：事实上，人们目前认为5次重大灭绝都与小行星的撞击有关联。然而，我们很难说在10亿年里发生5次强烈的撞击概率是频繁的，更不用说把它当成即将出现的危险。那么，我们是不是真的需要担心呢？

由于有越来越多的历史撞击证据，这个问题的答案越来越明显地变成了"是的"。撞击证据来自3个领域：树木年轮、冰盖和历史纪录。这些证据表明过去被简单地视为神话的民间传说，应该被视为真实事件的信号。

从20世纪20年代开始，科学家们就开始基于树木的年轮来勾勒历史上的气候变化。这个被称为树轮年代学的专业，基于以下的指导思想，即树木每一年的生长速度取决于气候条件的好坏。科学家们现在从相对分散的多个地点收集到了亚利桑那州松树、加利福尼亚石松和欧洲橡树等几个物种的逐年记录。低相关性的格陵兰冰盖也支持这一证据。所谓冰盖是指在过去4万年时间里雪因受压而形成冰层。这些冰层可以被钻取出来，它不但记录着历史上的降雪情况，还反映着降雪中的化学构成。

树木年轮和冰盖都表明，地球至少经历了5次为时数年的气候危机。这些危机分别发生

意外事件和灾难

日期	相关事件
公元前 1628	巨石阵被废弃 摩西出埃及的大瘟疫 圣托里尼火山爆发
公元前 1159 年	特洛伊城陷落，希腊迈锡尼文明的终结 埃及饥荒
公元前 207 年	在欧洲，石头从天上落下 在中国，饥荒标志着秦朝的终结和汉朝的开始
公元前 44 年	彗星预示了凯撒之死 中国发生大饥荒
公元 540 年	北欧黑暗时代开始 近东的瘟疫 中国的饥荒

上图：公元前 1628 年埃及蝇灾肆虐。

在公元前的 1628 年、1159 年、207 年和 44 年，以及公元 540 年。根据对火山喷发影响所做的分析，最有可能的原因是火山喷发形成的大气尘埃、彗星彗尾产生的尘埃或实际的撞击，还可能是由于三者的同时作用。

把这些日期记在脑海里，那么相距遥远的中国和爱尔兰的文化中的历史和传说就都具有了新的意义。在这些日期前后，太阳呈现出苍白的颜色，夏天不复存在，灰烬从天而降，天使挥舞着天堂利剑，神与恶龙作战，洪水泻入大海，湖泊决堤，瘟疫和饥荒蔓延。许多以前被视为传说的故事，有可能是对彗星毫无所知的人类在试图描述彗星的样子和影响，以及彗星与火山喷发、地震、尘云、海啸等地质活动或大气事件之间的因果联系。

举一个非常戏剧性的例子，树木年轮和冰盖同时显示公元前 1628 年是格外艰难的一年。这可能是一颗靠近地球的彗星或在几天内毁灭地中海岛屿的圣托里尼火山爆发所带来的烟尘造成的，《出埃及记》中的"火柱"或许也与之有关。这一年也恰逢世界各地各类灾害的开始。爱尔兰遭受了 7 年的干旱之苦。目前，以上对这些证据的解读还存在很大的争议，但如果说它们是经得起分析的，那么，它们必将导致世界古代史的极大改观。

类似的事件也发生在公元 540 年前后：君士坦丁堡发生了地震，并记录了一颗巨大彗星的出现；英国的传说则提到了亚瑟王去世后的"荒原"时代。

彗木相撞

以上的结论虽仍值得商榷，但太阳系有史

▶ 英国的黑暗时代

传说中，英国在 6 世纪亚瑟王（见右图）去世后经历过一段艰难的时刻。一本据传由圣帕特里克所著的作品提到了撒旦像一块巨石一样坠落，并在荒芜和饱受蹂躏的乡村中穿行了一个月。树木年轮证实了这些传说，显示在公元 540 年左右气候条件确实相当恶劣。所有这些影响都可能是一颗撞击或近距离掠过地球的彗星造成的，尘埃遮天蔽日，带来了一个"核冬天"。一个基于这场灾难对局部地区产生明显影响的理论认为，这次的撞击发生在爱尔兰海。历史传说可能成为彗星撞击理论的佐证。在传说中，亚瑟王与龙和剑有关联，龙和剑这两者在古代都是彗星的象征。

以来最富戏剧性的一大事件支持了它的观点，向世界证明彗星撞击行星确有其事。1993年3月中旬，加利福尼亚帕洛玛山天文台的3名天文学家即将结束对小行星和彗星为期12年的观测，大卫·利维（David Levy）、卡洛琳·舒梅克（Carolyn Shoemaker）和她的丈夫尤金（Eugene）的心情都很沮丧。天空多云，而他们最后一盒胶卷被意外地局部曝光。利维意识到虽然胶卷的边缘部分被毁了，但中央部分还是有效的。他们利用未被曝光部分的胶卷继续工作。两天后，3月25日，卡洛琳·舒梅克在胶片中木星附近的位置发现了一个斑点。她说，"我不知道这是什么，但它看起来像一个被压扁的彗星。"

那确实是一颗彗星。针对这颗彗星轨道的大量研究表明，这颗后来被命名为舒梅克－利维的彗星是一颗在1992年被木星捕获的直径为10千米的母体彗星的残留，那颗母体彗星在木星强大的引力作用下被撕裂，成了一串"珍珠"。此外，这些碎片实际上已被木星捕获，并将于1994年7月撞击木星。

全球各地的天文学家在互联网上听取了他们的简报后都非常兴奋。观测彗星撞击木星非常重要，这将揭示有关这个气态巨行星新的科学数据，以及彗星和小行星在太阳系及其生命形式的演化过程中所扮演的角色。这是一个

左图：尤金和卡洛琳·舒梅克夫妇发现了以其姓命名的舒梅克－利维彗星。

下图：大卫·利维，舒梅克－利维彗星的第三位发现者，参与了记录对地球有威胁的小行星和彗星的任务。

千载难逢的观测实际撞击的机会，并且天文学家还握有更先进的观测工具——哈勃太空望远镜，以及正在飞往木星途中的伽利略号航天器。

在一年多的时间里，对这一事件的关注持续升温。一些科学家担心不会发生实际的撞击，最终落得一场空欢喜，而街头小报则兴奋地预测着一场大灾难的来临。7月16日，当撞击发生的时候，所有的怀疑都烟消云散了。撞击时，这颗彗星已变为直径从100米到近4千米不等的21个碎片，分布在长度超过150多万千米的范围内。第一个碎片产生了极其猛烈的爆炸。它以每秒钟60千米的速度击中了木

宇宙星尘：彗星、流星与小行星

上图：木星撕碎舒梅克 - 利维彗星，使之成为"珍珠链"。

右图：木星上 21 个撞击点中的 3 个。

P88—89 图：艺术家重新构建了这次事件，舒梅克 - 利维彗星的一个碎片正在划过木星的外部大气。下面的"陨坑"是更早的一枚碎片在底层大气中撕开的一个大洞。

星外侧大气的边缘，那里刚好位于地球的可见范围之外。一个火球在木星浓重的大气中爆裂，仅仅 5 分钟后爆炸区域就向上延伸至 3 000 千米处，进入了太阳辐射的范围。在接下来的 20 分钟里，它继续向外膨胀成 10 000 千米的羽流，制造出一个地球大小的巨大的深色疤痕。这个疤痕随着木星的旋转，逐渐向地球展现出了全貌。直到 7 月 22 日的一周内，其余的碎片也纷纷落入木星，有些碎片在没有爆炸的情况下就消失了，另一些碎片在大气中爆炸并形成一连串巨大的黑斑。之后形成的尘云和彗星残片的尘埃状残余物，一点点地变得暗淡下去。

8 个月后，这一人类所见证的太阳系中最恢宏的事件几乎已无踪迹可寻，但它留下的数据却需要多年时间进行分析和理解。这让我们认识到地球的确是在一个如同射击场般的环境中演化的，在某个时刻，地球将再次成为被轰炸的目标。

不确定的未来

当前的"天体警察"，即美国波士顿史密森天体物理天文台的小行星中心（MPC），给自己设定了一个艰巨的任务：发现和跟踪尽可能多的小行星，特别是近地天体（NEO）。MPC 负责协调美国四大研究中心的大约 30 名天文学家和大约 200 名业余爱好者的原始观测数据，并将这些观测数据与捷克共和国两个天文台的后续观测结果相结合。

借助可以发现移动光点的特殊设备，以及处理这些观测结果的计算机，MPC 的进展可谓惊人。根据每日更新的记录，MPC 共计追踪大约 25 000 颗轨道已知的小行星和 30 000

个轨道尚不完全清楚的小行星，另有 10 000 次目击等待分析。有待分析的数字还在以每年增加 30 000 次的速度急剧攀升。该中心每天收到 1 000 个天体运行轨道的报告，其中有 50% 可能是新发现的小天体。在 1999 年创纪录的一个月里，他们宣布发现了大约 5 000 个新的天体目标。鉴于地球终将再次成为被撞击的目标，MPC 及其相关团队决心查找出和跟踪那些可能对地球构成威胁的小行星，特别是 2 000 颗直径超过 1 千米的近地天体。

当前的任务

与当前的任务相比，现已取得的成果并不算什么。MPC 的目标是记录所有直径大于 50 米的近地天体，它们有可能在下一个世纪成为地球的威胁。据 MPC 副主任加雷斯·威廉姆斯（Gareth Williams）估计，直径为 100 米或更大的近地天体有 32 万颗，50 米或更大的有 100 万颗。这是一项需要 20 ~ 25 年才能完成的任务。即便如此，一个直径为 10 米的近地天体仍然能够产生一定的威胁，造成重大损害，而这样的小天体估计有 1.5 亿颗。

近地天体只占稳定轨道小天体的一小部分，MPC 更进一步的目标是尽可能多地记录

宇宙星尘：彗星、流星与小行星

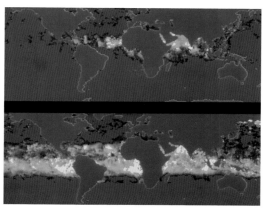

上图：1991年菲律宾皮纳图博山的火山爆发污染物在数天之内（上图）和两个月内（下图）的蔓延情况。

左页图：正在接近地球的爱神小行星。这颗直径20千米大小的小行星目前对地球并不构成威胁，但在遥远的未来可能具有一定的威胁性。

这些目标。有多少小行星需要记录？MPC假定近地天体只占小行星总数的0.001%，那么直径为50米或更大的小天体数量将是30亿。最早一批"天体警察"会被这个数字所震惊。

从长远来看，地球在未来受到撞击在所难免，但具体的撞击时间却完全无法预知。目前，没有已知的天体被确认将与地球发生碰撞。天文学家在未来几年所能做的就是收集信息，对小天体过去的轨道进行计算，以便建立统计分析。根据目前的估计，一次像袭击西伯利亚通古斯这样大规模的撞击可能一个世纪会发生一次，而被直径为1.6千米左右的小天体撞击每

隔几十万年可能发生一次。根据二叠纪和白垩世发生的大灭绝，每隔1.5亿年左右可能会有一颗直径10千米大小的小行星撞击地球。但是即使是一颗直径仅为350米小行星的轻微撞击，释放的能量也将超过世界上所有的核武器。

相关风险可以用安全指标来评估量化。美国国会1992年的报告称，直径为1.6千米的小行星对地球的撞击有可能导致世界四分之一人口的死亡，产生的大气尘埃可能比1991年的皮纳图博火山爆发释放的烟尘多近1000倍。那次火山爆发使地球变冷持续了一年之久。如果类似大小的小行星撞击地球每50万年就发生一次，那么每年每个人面临的风险概率就是二百万分之一。按人均寿命来计算，地球上的人类将有两万五千分之一的可能死于小行星撞击。相比之下，美国人在飞机失事中死亡的概率为两万分之一，因龙卷风致死的概率为六万分之一。

如何用确凿的事实来解释统计数据，是天文学家和越来越多的决策者现在面临的问题。

★ 彗星撞击对人类来说可能是灾难性的，但它对地球运行轨道的影响正如同一只小虫子对一辆全速前进的卡车的影响。

文学家和越来越多的决策者现在面临的问题。天文学家对金牛座流星雨有极大的兴趣，该流星雨每年 6 月 28 日都会如约到达（由于发生在白天，它称不上壮观）。这些尘埃与恩克彗星位于相同的轨道上。在太阳系范围内，它们以很小的日心距离围绕太阳进行公转。但是，恩克彗星的轨道上不仅仅存在尘埃，还有 10 颗小行星。已经有一位天文学家——英澳天文台的邓肯·斯蒂尔（Duncan Steel）提出，这些尘埃、小行星和彗星源于一颗大约在 20 000 年前进入了内太阳系的较大的天体。相对于其他同事，斯蒂尔认为大撞击的概率可能会高得多——西伯利亚级别的撞击每隔 50 年发生一次，而每隔 10 万年就有一颗直径 1.6 千米大小的天体撞击地球。

政府官员们现在不仅要处理天文学家提出的证据和事实，还要回应公众对地球遭受小天体撞击日益不安的情绪。美国众议院于 1990 年首次对此表达了关注，并指示美国宇航局增加探测计划和加大力度。在没有立即发生威胁的情况下，官员们仍然面临着一个问题。毕竟，如果有人在 1993 年提出："21 个天体在明年撞击木星的可能性有多大？"答案会是："数百万分之一。"然而不到一年，撞击就真的发生了。用邓肯·斯蒂尔的话说："在目前无知的状态下，概率推导是不适用的。"

我们为此该做些什么？到目前为止，官方还没有提出正式的计划，因为危机总是一闪即逝。有潜在威胁的小行星被越来越多地观测，人们对其轨道加以演算，并发布世界末日的警告，但最终事实往往表明危险根本不存在。

类似的事件在 2000 年底发生过一次。夏威夷的研究人员在近地轨道上发现了一颗直径 30 ~ 70 米大小的天体。意大利天文学家安德

左图：美国太空监测计划的总部位于亚利桑那州的凯特峰，它为更广泛的国际太空防护项目铺垫了道路。

右页图：美国太空监测计划和国际太空防护项目合作，共同追踪未来可能威胁地球的数百万个天体。

天体可能在 2030 年撞击地球。美国宇航局将撞击的概率确定为五百分之一，因此这颗被命名为 2000 SG 344 的天体，成为第一个由最新通过的都灵撞击危险标准进行评估的小天体（见本书第 82 页）。2000 年 11 月 3 日，国际天文协会向公众公开了这一信息，尽管人们仍不知道该天体是什么性质。也许，它只是一块类似于阿波罗探月火箭第四级的太空垃圾，其表面的高反射率让它看起来更大些。如果事实确实如此，那么它完全不会构成威胁。此外，对它的轨道的进一步分析表明，这个小天体飞越地球时与地球的距离不会小于 420 万千米，即地球到月球之间距离的 11 倍。于是，2000 SG 344 不再吸引人们的视线，从都灵风险评估标准中被移除了。

不过，潜在的威胁并没有消除。1994 年，作为美国太空监测计划的一部分，亚利桑那州立大学斯图尔特天文台的詹姆斯·斯科蒂（James Scotti）记录了一颗小行星以距地球 105 000 千米的距离掠过地球。从长远来看（短期来看也是如此），天文学研究和统计分析具有一定的实际作用。应急计划得以制订，危机处理委员会随之设立，人类在这一领域不断投入经费。除非在未来 10 年出现大的撞击，我们这支"智人"队伍似乎将进入一个进化的新时代。地球现在有了自卫的手段，正如好莱坞电影展现的那样，人类已经有了一种以火箭、制导系统和炸药相结合的技术，可以炸裂小行星或引导其偏离原有的破坏性轨道。根据亚利桑那州大学的汤姆·盖尔斯（Tom Gahrels）的说法，我们可能还需要一个世纪的发展以抵御任何强烈的撞击，"到那个时候，在小行星附近制造一场适度的化学爆炸就足以使其偏离原有轨道。"

如今，人类第一次在曾灭绝过无数先辈的灾难前有了保障自身生存的能力。天体创造了可以让人类发展的世界，同样具有摧毁我们的力量，不过它们也推动了人类进行相关的研究。我们应该会有好的运气，可以生存下去。

注 释

[1] 羽流是一个流体动力学上的概念，是指一种流体在另一种流体中移动，这里指气体在尘埃中的移动。

[2] 2006 年第 26 届国际天文学联会通过决议，将冥王星划为矮行星，此后太阳系是八大行星。

[3] 内太阳系通常指太阳系中固态行星所处的位置，包括 4 颗类地行星和火星、木星之间的小行星带。

[4] 现在，大多数科学家认为这些结构不能代表任何形式的生命。

[5] 古代对天体的命名主要取决于天文学家的自身喜好，争议往往较大。20 世纪初期国际天文学联合会（IAU）成立以后，天体的命名工作开始统一和规范。小行星目前是各类自然天体中唯一可以根据发现者的意愿提名、经 IAU 审核批准可得到国际公认的天体。首先，发现者向 IAU 保送相关资料，经审核为新发现天体后给予临时编号，由发现年份和两个拉丁字母组成；然后在获得至少 4 次准确观测结果后得到一个永久编号，同时发现者获得永久命名权；获得永久编号后，则经由发现者推荐一个名称，并揭示该命名的理由；最后，IAU 审核小组审核通过后成为正式命名。

[6] 行星盘是指在行星形成过程中的盘状结构。太阳系的行星和小行星都形成在这个盘内，因此小行星最后形成的盘状结构与行星盘在同一平面内。

[7] 截止到 2020 年，国际陨石学公告（https://www.lpi.usra.edu/meteor/）显示，全世界从南极共收集到 4 万多块陨石，其中中国的南极科考队员共收集 1 万多块南极陨石。

[8] 2006 年，国际天文学联合会将谷神星重新定义为矮行星，谷神星曾被认为是太阳系已知最大的小行星。

[9] 柯伊伯带与奥尔特云二者的区别，首先是它们的位置不同，柯伊伯带就在冥王星附近的位置，奥尔特云在距离非常远的地方，超过了几千个日地距离。其次，奥尔特云是根据彗星的存在估计出来的，目前尚未得到验证。人们认为奥尔特云是由太阳系内部的物质散射出去形成的，散射后可以指向各个方向，呈现三维的状态。

[10] 盖维斯·屋大维·奥古斯都，罗马帝国的第一位元首，公元前 28 年被元老院赐封为"奥古斯都"（意为神圣伟大）。

[11] 即梅西耶星表，由 18 世纪法国天文学家梅西耶所编的《星云星团表》。梅西耶本身是个彗星猎人，他编辑这个天体目录是为了把天上形似彗星而不是彗星的天体记下，以便他寻找真正的彗星时不会被这些天体混淆。1774 年发表的《星云星团表》第一版记录了 45 个天体，编号由 M1 到 M45，1780 年增加至 M70。翌年发表的《星云星团表》最终版共收集了 103 个天体至 M103。现时梅西耶天体有 110 个，M104 至 M110 是在星表发布以后，由梅西耶及其朋友梅襄（Pierre Méchain）发现的天体，因此未编入《星云星团表》。

图片来源

封面：SPL

扉页（数字为页码）：
4 SPL/Mark Garlick

正文部分：

1. 造物遗珠

6 SPL/Lynette Cook. **9** SPL/Mark Garlick. **10** VCG. **11** SPL/NASA. **12** The Regents of the University of Michigan. **13**（上图）The Natural History Museum London；（下图）Mary Evans Picture Library. **14** SPL/NASA. **15** SPL/NASA. **16** SPL/John Sanford. **17**（左图）SPL/NASA/JPL；（右图）SPL/NASA. **18** Julian Baker. **18-19** SPL/DR FRED ESPENAK. **19** SPL/Rev. Ronald Royer. **20-21** SPL/ Julian Baum. **22** Galaxy Picture Library. **23** SPL/David Hardy. **24** SPL/A. Behrend. **25**（上图）Images of Africa/Vanessa Burger；（下图）The Natural History Museum, London. **26** SPL/Michael Abbey. **26-27** SPL/David Parker.

2. 太阳系外边界

28 SPL/ Frank Zullo. **31** Julian Baker. **33**（左上）AKG London；（右上）ESO/L. Jorda et al., P. Vernazza et al.；（下图）Mary Evans Picture Library. **34** NASA/Julian Baum/ New Scientist. **35** SPL//JPL. **36** SPL/NASA. **37** SPL/Johns Hopkins University Applied Physics Laboratory. **38** SPL/ Julian Baum/ New Scientist. **40**（左图）SPL/STScl/NASA；（右图）SPL/ Dr Seth Shostak. **41** D. Jewtt and J. Luu. **42-43** SPL/ Julian Baum. **44-45** SPL/Joe Tucciarone. **46** SPL/Jon Lomberg. **47** SPL/ Julian Baum. **48** SPL/ Gordon Garradd. **49**（上图）Galaxy Picture Library/STScl；（下图）Galaxy Picture Library/Michael Stecker.

3. 从神话传说到现实世界

50 SPL/ Lynette Cook. **53** Mary Evans Picture Library. **54** Michael Holford. **55** The Bridgeman Art Library/Private Collection. **56** SPL/Max-Planck-Institut für Physik und Astrophysik. **57**（左图）The Bridgeman Art Library/Philip Mould Historical Portraits Ltd UK；（右图）SPL/Royal Astronomical Society. **58** SPL/Ken Eward. **59** The Art Archive/Scrovegni Chapel, Padua/ Dagli Orti. **60** Corbis. **61** SPL /Royal Observatory, Edinburgh/AAO. **62** SPL/ Royal Observatory, Edinburgh. **63**（左图）SPL/ESA；（右图）SPL/US Navy. **64** SPL/Detlev van Ravenswaay. **65**（左图）Julian Baker；（右图）SPL/NOAO. **66** AAO/David Malin. **67**（左上）AAO/David Malin；（右下）SPL/David Parker. **68** SPL/ Dr Fred Espenak. **69** STScl/NASA. **70-71** SPl/Joe Tucciarone. **72** SPL/Gorde Garradd. **73** SPL.

4. 撞击地球

74 SPL/Chris Butler. **77** Julian Baker. **78** The Bridgeman Art Library/Private Collection. **79** AKG London. **80** shutterstock.com/AuntSpray. **81** NASA. **82** SPL/Prof. Walter Alvarez. **83** SPL/Detlev van Ravenswaay. **84** The Bridgeman Art Library/Private Collection. **85** The Bridgeman Art Library/Whitford & Hughes, London. **86**（上图）Corbis/Johnathan Blair；（下图）SPL/Frank Zullo. **87**（左图）SPL/STSCI/NASA；（右图）SPL/Pryor et al/McDonald Observatory. **88-89** SPL/Chris Butler. **90** SPL. **91** SPL/Robert M. Carey/NOAA. **92** Corbis/ Danny Lehman. **93** SPL/David Hardy.